はじめに

　インターネットの登場から四半世紀過ぎて、社会の変化が加速している。この目覚ましい社会の変化は、産業のデジタル化の進展によるところが大きい。具体的には、AI（人工知能）の利用が急速に進み半分の職業が消えてなくなるとか、AIにおける国際競争が激化し、日本はアメリカや中国から大きく出遅れて日本の未来は暗いとか、科学技術の発展に悲観論も出て日に日に騒がしくなっている。

　このような状況の中で、本書で主張したいことは次の3点である。第1に、この変化の本質を理解し未来への先導者となるためには、「数学」および「数理科学」に強くなるか、あるいは、その本質を理解することである。第2に、多くの人が受験勉強以来「数学」から遠ざかっているが、社会の現場では「数理科学」の重要性が益々高まっているということである。第3に、インターネット、AI、ビッグデータの本質は、基本的にはそんなに難しくない「数理科学」であるということである。

　今日の「第4次産業革命」やアルビン・トフラーの「第三の波」（情報化社会）と「数理科学」との関係についても触れるが、「数学」にとっては、伊藤俊太郎の「比較文明」における、人類がホモサピエンスという種に収束してから約20万年が過ぎた以降の5段階革命論が重要である。なぜなら「人類革命」「農業革命」「都市革命」「精神革命」「科学革命」という5つの革命が、何万年という時の流れの中で起こり、その革命の節目で最も役立つ生活の知

恵として、また、古代文明において農業生産と国家の財政基盤を支える知恵として「数学」の起源があるからだ。歴史的に観て、栄えた国家の基本は「数学力」にあった。中世は、アラビア数字に代表されるアラビア社会が、ヨーロッパを圧倒していた時代だった。近代ヨーロッパで起こった「数学革命」から「科学革命」によってヨーロッパの隆盛が始まった。また、「科学革命」の中で起こったコンピュータの発明は、「数学」から「数理科学」への発展を加速させた歴史的な出来事である。

　本書で述べるこの新たな「数学観」と「数理科学観」は、数学のユーザー視点の立場に立脚している。本書は、企業経営者、政府の政策決定者、教育者、数学・数理科学を学ぶ大学生・大学院生、数学・数理科学を社会に役立てたいと思う社会人の方々に広く読んで頂きたい。そこで、数学は、なぜ、いつ、どこで、何のために、生まれたのか？ そして数学はどこへ行こうとしているのか？ について著すこととした。第1章では、「ユーザーから見た数学とは？」と題し、古代文明から現代における数学の役割、「科学革命」の本質としての「数学革命」、産業革命における数学の役割、現代における20世紀と21世紀における数学の方向性について述べる。第2章では、「藤原洋数理科学賞を創設した理由」と題し、数学者に贈られる国内外の賞について概観した後、「藤原洋数理科学賞」の設立の背景とその想いについて述べる。第3章では、「数理科学が拓くニッポンの未来」と題し、「数学」から生まれた「コンピュータ」の概要とその歴史、「コンピュータ」による「数学」から「数理科学」への発展、その潮流の中での受賞業績に見る「藤原洋数理科学賞」創設の意義、および「数理科学」が牽引する新産業革命について述べる。

　本書は、藤原洋数理科学賞授賞式・シンポジウムが、年々盛り

上がっていく中で、数学ファンの人気雑誌『数学セミナー』で著名な(株)日本評論社の編集者大賀雅美氏との会話の中で構想が固まった。というのは、改めて、過去7回の数理科学賞受賞者の数学者の皆さんの業績について振り返る中で、社会に大きな貢献をされてきたことが確認できたからである。具体的には、量子力学や相対性理論に関する基礎物理学、粘性流体力学、医学、脳科学、材料科学、生命科学、数理ファイナンス等広範な分野に及んでいる。構想が生まれて約1年を経過した。本書を著すに至っては、記述の正確性を期すために、数学者の立場から原稿内容をチェックし重要な示唆を頂いた藤原洋数理科学賞審査委員長の桂利行氏（東京大学名誉教授、法政大学教授）と、粗原稿段階から懇切丁寧に編集作業を行って頂いた大賀雅美氏に最大の敬意と感謝の意を表させて頂きたい。

2018年7月

著者識

目次

はじめに……i

1 ユーザーから見た数学とは？
産業の視点からの数学観……001

- **1.1** 古代・中世数学と封建社会の形成……004
- **1.2** 中世ヨーロッパ・ルネサンスから
デカルトの時代と「数学」……043
- **1.3** 「科学革命」をもたらした「数学」……066
- **1.4** オイラーによる「近代数学」の創始と
「産業革命」の幕開け……070
- **1.5** 20世紀における数学の発展……078
- **1.6** 21世紀数学は、どこへ向うのか？……097

2 藤原洋数理科学賞を創設した理由
数学への個人的な想い……103

- **2.1** 数学者に贈られる海外の賞……104
- **2.2** 数学者に贈られる日本の賞……131
- **2.3** 藤原洋数理科学賞の設立と
数学への個人的な想い……134

3 数理科学が拓くニッポンの未来……141

3.1 「数学」から生まれた「コンピュータ」……142

3.2 「コンピュータ」による「数学」から「数理科学」への発展……154

3.3 受賞業績に見る「藤原洋数理科学賞」創設の意義……159

3.4 「数理科学」が牽引する新産業革命……170

附録　第2章で紹介した各賞の受賞者一覧……186

おわりに……227

1

ユーザーから見た数学とは？

産業の視点からの数学観

私は、数学者ではなく数学のユーザーである。数学者ではないからこそ、利用者側の視点から数学を客観的に見ている。正確には、産業人の視点から数学を見ている。産業人としての見知から私が出した結論として、「数学」とは全ての人々にとって、面白く、感動的で、役立つものであるということである。そして「数学」とは、「数」と「形」に関する生活の知恵（あるいは学問）であると考えている。従って、難しく考える必要はなく、人間にとって最も身近で、誰にでもそれなりにできるものだと考えている。

　人間は物心がつくと、「数」と「形」に出逢う。「君は、何歳？」「どんぐりを、何個拾った？」「お正月に、お家で食べるお雑煮のお餅は、丸い？　それとも四角い？」　そして、学校へ通うようになると、「数」と「形」について体系的に学ぶようになるが、一方では、試験の点数で理解度を一方的にチェックする仕組みがあるために、いつの間にか、「数」と「形」についての中身よりも、試験の点数の方に興味が移ってしまう人々が多い。この「手段」と「目的」の本末転倒現象は困ったことに、私たちの社会や職場でもよくある。特に、「数学」についての本末転倒現象は、結構幼い頃から起こっているために、大学の入学試験までで「数学」とお別れということになってしまう。これは、今の日本社会の停滞の最大要因であり、とても勿体ないことだ。

　理系・文系という専門分野の分類も、今の日本社会の停滞の大きな要因である。自分は、数学が苦手だから文系に進んだとか、数学が得意だから理系に進んだとかいう進路選択は、そもそもおかしい。試験という「数学」の理解度の一方的な測定結果から、進路を選択したり、「数学」とお別れするという社会現象こそが、停滞につながっているのだ。また、さらに問題なのは、理系に進路選択した人々も、大半は「数学」とお別れしていることだ。

1 ユーザーから見た数学とは？──産業の視点からの数学観

　そこで改めて、「数学」をユーザー視点で見直してみたい。そもそも「数学とは何か？」を数学者に聞いても、数学の供給者側の論理で活動しているために、なかなか分かりにくい。そこで、私自身は、数学の利用者の立場で、すなわち、需要者側の論理で、「数学とは何か？」について考えてみることとした。換言すると、数学とは、利用者としては次のような場合に「役に立つ」か、または、「面白い」のである。そもそもユーザーというのは、「役に立つ」か「面白い」からこそ「使う」のであって、「役に立つ」ことも「面白い」こともなければ「使わない」のである。

　数学の第1の意義は、「計算する」ことにある。生活でも仕事でも何らかの計算をしない日はない。四則演算に始まり、企業でも技術系だけではなく、財務・経理系でも、株価算定や株式予約権の行使価格の算定には、確率微分方程式が使われたりしている。最近流行の人工知能でも、数学的には案外シンプルな計算方法が根底にある。数学は、各々の人々が、各々の目的に合った結果を導くための計算方法を提供してくれる。

　数学の第2の意義は、「理想化する」ことにある。これは、換言すると、そのままでは混沌として複雑なために、理解不能で扱い難い「現実世界」を、単純化し理解可能な「理想世界」を構築する手法を提供してくれる。不動産の売買をする時に、測量をする。そこには、「近似する」という行為と「本質を見る」という行為が、両立している。実際は、「球面に近い凸凹の地面」を「平面」という「理想化」した概念をもとに何らかの算定を行うことになる。このように、数学の扱う対象は全て、現実には存在しない「点」「直線」「平面」などであるが、「現実世界」を近似し「理想世界」を構築することで、「現実世界」の本質を理解し、何らかの有効な行動に移すことが出来るのである。

数学の第3の意義は、「抽象化する」ことにある。換言すると「現実世界の共通化」である。前に述べた理想化と似ているが、やることは全く異なる。元来、数の概念は、異なる物体や動物や植物の数を共通化したことから始まったとされている。現実世界の様々な事象から共通点を見つけ出せば、極めて大きな成果が得られる。抽象化というと、純粋数学の抽象代数学や美術の世界の抽象画などを想定しがちで、難解なイメージを持ってしまう人が多いが、ユーザーの視点から見れば、抽象化の本質は共通化である。共通化すれば同じものが別の目的に使えるために、極めて便利である。数学は、そのような便利な「共通化」という手法を提供してくれるのである。

　以上に述べたように、ユーザーの視点に立てば、「数学」とは、全ての人々にとって「数」と「形」を対象にした「生活の知恵」である。本書では、「数学」という試験に追われた学校時代の既成観念から離れて、「数」と「形」はあらゆる生活シーンや専門分野にとっても面白く、感動的で、役立つものであるという視点に立って「数学」を考えてみたい。まずは、人間がいつどのようにして「数」と「形」と関わってきたか、ということから振り返ってみよう。

1.1 古代・中世数学と封建社会の形成

1.1.1 「数」と「形」を最初に認識したのは？ いつ？ 誰？

　現代霊長類学によると、人類の誕生は、約700万年前に類人猿と分かれた時とされている。ホモ・サピエンスの特徴は、直立二足歩行と犬歯の退化で、他にも器用に動く手指、小さな顔と歯、

大きな脳、成長の長期化、道具の製作と使用、抽象的な思考能力と言語の発達であるとされている。それらが今日の「数」と「形」についての認識能力を備える基礎となったと考えられている。

　こうして、「数」と「形」についての認識能力の基礎を備えたホモ・サピエンスは、約20万年前にアフリカで誕生した。旧人と比べると、脳容積はやや増加し（1300〜1600 cm³）、頭は丸くなり、眼窩（がん）（頭骨の前面にある、眼球の入っているくぼみ）上隆起は目立たなくなり、咀嚼（そしゃく）器官の退化により、顔は華奢になって奥に引っ込んでいる。骨格は頑丈さが衰えたが、文化的な発達により環境適応力が強まり、急速に世界中に拡散したと考えられている。オーリニャック型（約30000〜35000年前、フランス・ピレネー地方を中心とする地域の旧石器時代後期に属する一文化）のような精密な剝片（はくへん）石器を作り、芸術活動や音声言語に必要な抽象能力を発達させた。本来は、人間とは、英知をもつ存在として規定する哲学上の言葉として用いられたが、その後人類化石が多数発見され、人類進化の実相が解明されるにつれて、今日の現生人類は、人種の違いはあっても、すべて同一種であることが確認されている。同時にそれに対してホモ・サピエンスの学名が適用された。このことにより現生人類の一体性が、より強調されるようになったのである。

　後期旧石器文化のクロマニョン人や日本の縄文時代人なども同じホモ・サピエンスの仲間に入っている。また、ネアンデルタール人は、その身体上の特徴から、ホモ・サピエンスとは異なる種だと考えられていたが、1960年代になって、ネアンデルタール人も脳の大きさは現生人類と変らないこと、その中期旧石器文化には、高度技術があったことが明らかになった。結果として、現代人類学では、ホモ・サピエンスは、現生人類とネアンデルタール

人の両者を含むものとされている。

　以上のようなことから、約20万年前に出現した現生人類が、20万年〜数万年前の間の旧石器時代に、「数」と「形」の概念に到達したと考えられている。

　とにかく20万年前にアフリカで進化した私たちの祖先であるホモ・サピエンスは、何万年かの時を経て、ヨーロッパ、日本を含むアジア、アメリカなど世界へ拡散していった。地域によって、人種や言葉の差は生じたが、「数」と「形」の認識、すなわち「数学」は、人種・言語依存のない普遍的なものとして発展してきている。このことは、極めて重要である。私は、インターネット・ビジネスを本業としているが、インターネット・ビジネスの多くは、これまで「言語」依存性が高く、英語圏、中国語圏を対象にした企業が圧倒的な優位性を持っている。つまり、科学技術力ではなく、提供サービスの言語圏人口で、企業価値が決まってしまうという側面を持っているのである。これに対して、数学には「言語」依存性がないのである。

　「数」という抽象概念に、ホモ・サピエンスは、数万年以上20万年以内の間に到達していたはずである。「3人の人間」、「3個のみかん」から抽出される「3」という「数」については、約37000年前の「イシャンゴ獣骨」(1960年にアフリカ・コンゴで発見された後期旧石器時代の骨角器)の3行の線の記録が見つかっていて、本数は、9, 19, 21, 11などの数が刻まれている[1]。

　「形」について、人類が、いつ、どのような概念に到達していたかがわかってきたのは、ごく最近のこととである。一例をあげると、南アフリカのブロンボス洞窟の幾何学的文様を刻んだ石がある。2002年、南アフリカのケープタウンに近いブロンボス洞窟で、7万5千年前の地層からオーカー(ベンガラ)の塊が多数出土し、

その中の 2 つに明らかに人間が刻んだ幾何学模様が発見されたとの発表があった。さらに 2004 年には、同じ洞窟の地層から同じ穴があけられビーズ状になった巻貝の貝殻が多数発見された。この発見は、「シンボルを操作する能力」を人類が身につけたものとして、最近特に重要な発見とされている[2]。その他、洞窟に描かれた絵には、1994 年に発見されたフランスのショーヴェ洞窟、有名なスペインのアルタミラ洞窟、41000 年前のエルスカスティーョ洞窟の赤い点状の絵(人類最古)がある。また、ドイツのウルムの西にあるホーレ・フェルス洞窟で 2008 年に発見された約 40000 万年前のフルート(ハゲワシの骨製、5 つの穴)など、実に多くの発見が最近でもなされている[3]。

1.1.2 自然から人類の歴史の中における数学 ——「3 つの革命論」と数学

人類が、誕生してから数学が生まれたわけだが、人類の誕生前の歴史も整理しておくと、約 138 億年前に宇宙が誕生し、約 46 億年前に太陽と太陽系と地球が誕生し、約 40 億年前に生命が誕生し、約 700 年前に人類の祖先が誕生し、約 20 万年前に人類(ホモ・サピエンス)が、誕生したと考えられている。

次に、人類の歴史における大きな変化(革命)については、「3 つの革命論」の視点が存在する。

第 1 の視点は、伊藤俊太郎が 1985 年に『比較文明』で述べた、マクロレンジの 5 段階革命論である。約 20 万年の人類の起源から今日の人間社会の形成までを対象としたものである。すなわち、人類文化の歩みは、「人類革命」(祖先からホモ・サピエンスへの淘汰)、「農業革命」(約 1 万年以上前の栽培と飼育への転換による定住化)、「都市革命」(定住化の発展による都市の生成)、「精神革命」

---

[1] de Heinzelin, Jean: "Ishango", Scientific American, 206: 6 (June 1962) pp. 105–116.
[2] 海部陽介『人類がたどってきた道』NHK ブックス、2005 年。
[3] 中村滋『数学史の小窓』日本評論社、2015 年。

(都市に人口が集中し、人間関係の複雑化に伴う「哲学」「倫理学」の創生)、「科学革命」(17世紀ヨーロッパに始まる世界の近代化)の5段階を経て発展したものとされる。「科学革命」は、現在進行形である。

　第2の視点は、アルビン・トフラーが1980年の『第三の波』で述べた、ミッドレンジの**3段階革命論**である。約15000年前の農耕の始まりから今日の情報社会までを対象としたものである。すなわち、第一の波は農業革命であり、約15000年ほど前から農耕を開始したことにより、それ以前の狩猟採集社会の文化を置換した。歴史学で、本来使われる18世紀の「農業革命」とは概念が異なり、新石器革命、あるいは農耕技術の革命に相当する。第二の波は「産業(工業)革命」であり、18世紀から19世紀にかけて起こった。工業化により、それまでの農耕社会から産業社会へと移り変わる。第三の波は、「情報革命」のもたらす脱産業社会(脱工業化社会)である。トフラーは1950年代末にはこの理論を提唱しはじめ、多くの国が第二の波から第三の波に乗り換えつつあるとした。「情報革命」は、現在進行形である。

　第3の視点は、私自身も2010年に『第4の産業革命』で述べているミクロレンジの**4段階産業革命論**である。約300年前の産業革命から今日のIoT/AI革命までを対象としているものである。2011年には、ドイツが「インダストリー4.0」を発表した(これは、ドイツ工学アカデミーが発表したドイツ政府が推進する製造業のデジタル化・コンピューター化を目指すコンセプト、国家的戦略的プロジェクト)。すなわち、「第1次産業革命」(動力革命：紡績機械、蒸気機関、石炭製鉄)、「第2次産業革命」(重化学工業革命：内燃機関、発送電)、「第3次産業革命」(デジタル情報革命：通信、半導体、コンピュータ)、「第4次産業革命」(デジタルトラ

ンスフォーメーション革命：IoT、ビッグデータ、AI)である。
「第4次産業革命」は、現在進行形である。

本書では、これら3つの革命論の全てにおいて、「数学」が最も大きな役割を果たしていることを述べることとする。

1.1.3　二つの農業革命と数学

「経済史における農業革命」の常識を覆す「数学による農業革命」という考え方を以下に述べる。

(1)　「経済史における農業革命」と「数学による農業革命」

「経済史における農業革命」とは、農業の技術革新に基礎づけられた、農業生産および土地所有諸関係の全面的近代化(資本主義的変革)を農業革命とする、というものである。この「経済史的農業革命」は、イギリスの第1次エンクロージャーを中心とする16世紀の第1次農業革命(Agrarian Revolution)と、議会エンクロージャーを中心とするイギリス産業革命の一環をなす第2次農業革命(Agricultural Revolution)とに区別されてきた。"agrarian"は、農業における社会的諸関係ないし土地制度を表現するものであるのに対し、"agricultural"は、主として農業の技術的側面を表現するものであるため、第1次農業革命では制度的変革、第2次農業革命では技術的変革を強調する呼び方とされている[4]。

「数学による農業革命」とは、そもそも農業という産業の成立と発展は、「数学」によってもたらされたものであるという考え方に基づいている。

16世紀イギリスでの「経済史における農業革命」よりもはるか昔の約1万年以上前に、農業が始まったとされている。中国、東南アジア、中東、西アフリカ、中米などで、農産物の栽培と家畜

---

[4] 椎名重明『近代的土地所有——その理論と歴史』東京大学出版会、1973年。

の飼育が始まることで、人間の定着生活が始まったと考えられている。この約1万年前に始まった定着生活を促した農業の成立自身を、ここでは「数学による農業革命」と呼ぶことにする。なぜ、「数学による農業革命」と呼ぶかという理由は、これから述べるように、農業という「栽培」と「飼育」という二大要素における「定量化」を行うという重要な役割を果たしたのが「数学」だという考え方に基づく。「栽培」と「飼育」には、「計量」(量を図る)と「計数」(数を数える)ということが、重要である。「数学」は、大きな数と半端な数の両方を扱うという必要性から生まれたものだと考えることが自然だろう。

　狩猟採集の時代には、「計数」だけで十分であった(自然数)ものが、農耕の始まりと共に、「計量」が必要となった(正の実数)。その証拠となる計量用の容器は、約6000年前のメソポタミア北部で見つかっている。穀物の量を計量し、物々交換の取り決めや農作業の報酬など、様々な目的に使われたのだろう。価値を最初に定量化したのが穀物の計量だとすると、これに端を発して、価値の標準化が進み、やがて貨幣が生まれる。古代ギリシアには、既に金属のコインが登場する。貨幣経済における価値の定量化が、さらなる数学の活躍の場を用意していったのだった。

(2)　何進法が便利なのだろうか？

　現代人は、生活では10進法、時刻は60進法、コンピュータ内部での計算には2進法を使っている。今では、何でもないことの「位取り記数法」は、一体いつどこで生まれたのだろうか？

　古代文明が栄えたとされるバビロニアは、メソポタミア(現在のイラク)南部を占める地域、または、そこに興った王国で、10進法(図1-1)が使われていたことが分かっている。最も古い記録で

は、紀元前 23 世紀頃、チグリス川とユーフラテス川の間を中心に栄えた文明で既に 10 進法が使われていたのである。但し、当時の古代バビロニアでは、0（ゼロ）が、知られていなかったので、位取りには、楔形文字が使用されていた。そして、0 が発見される前の体系としては、非常に便利な 60 まで 10 進法を用い、次の 60

$$
\begin{aligned}
10000 &= 10^4 \\
1000 &= 10^3 \\
100 &= 10^2 \\
10 &= 10^1 \\
1 &= 10^0 \\
0.1 &= 10^{-1} \\
0.01 &= 10^{-2} \\
0.001 &= 10^{-3} \\
0.0001 &= 10^{-4}
\end{aligned}
$$

図 1-1　10 進法

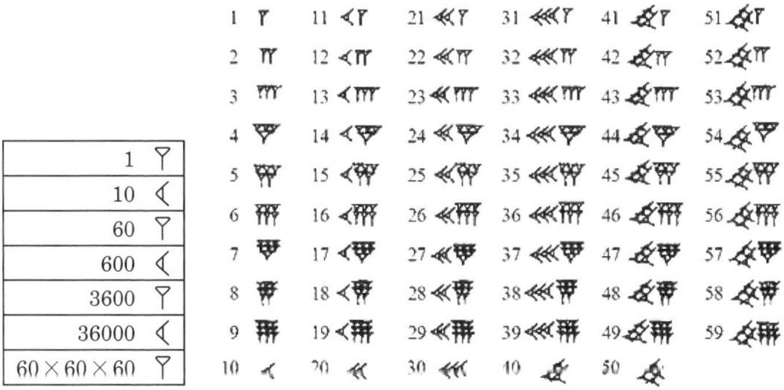

図 1-2　古代バビロニアの 10 進法と 60 進法の数体系

を大きな一単位に置き換えた数体系が用いられていた（図1-2）。

　古代での数の体系の主流は、何と言っても10進法だが、10進法が生まれた理由で有力なのは、世界中に拡散して定住を始めたホモ・サピエンス（人間）の指の数説である。それは、人間の指が両手で10本あるからというものだ。元々、数字は物を数えるためのものとして誕生し、誕生したばかりの数字は自然数（1, 2, 3, 4,…）だった。物を数えるために身近に使えるものは、やはり手の指だ。両手の指10本を伸ばし折り曲げることを1つの単位として、10本で一区切り、11からは2人目の人の指を使う、10人の人の指を使い切ったら、またそれを一区切りにして、101からは11人目の人の指を使うことで10進数が定着したと考えられている。

　では、なぜ、人間の指は5本なのかというと、これは、生物の進化論における偶然説が有力だとのこと。今日知られている陸上を歩く背骨のある脊椎動物は、全て5本指で、クジラやイルカもその先祖は陸上を歩く動物とされ、なんと5本指で、名残の骨が「ヒレ」の中にある。陸上を歩く脊椎動物は、水中生活をする脊椎動物である魚から進化し、最初にヒレの替わりに指を持つ魚が出現する。これらは、魚ではなく四足動物に進化し、デボン紀末期の四足動物の指の数には、指の数が6本や8本の四足動物が棲息していた。この中で、指の数が5本の種が出現し、それが現在のすべての陸上脊椎動物の祖先になったと考えられている。このように、なぜ8本でも6本でも4本でもなく5本なのかというと、生物学的に「偶然」である、というのが定説である。

1.1.4　古代・中世・近世における「数学」による「封建社会」の形成

　古代の数体系としては、インドでの0の発見と10進法と0〜9までの数字が用いられていたことが知られている。ローマ帝国で

は、木の棒に刻み目を入れて数を表現しており、3999 までに限定されていたが、計算に不向きなローマ数字の起源となっている。中国では、漢数字と位別に異なる漢字が割り当てられていたことや、算盤（ソロバン）が、発明されたことに特徴がある。

以上に述べたように、数学は、古代文明の中で数の学問として生まれ、発展してきた。

さて、ここで強調しておきたいことは、最初の社会システムである「封建社会」の形成に、「数学」が大きな役割を果たしたということである。「数学」による「封建社会」の形成である。言い換えれば、数学には、歴史を動かす力があるということである。

「封建社会」とは、君主が臣下に土地や特権を与え、臣下はそれに見合う忠誠を尽くすことを契約する社会を指す。君主は、臣下に対し恩恵を保証し身分などを与え、臣下は軍役や税金などを納める。また、臣下は、君主の命令に従い君主の領土を守り、命をかけるという社会である。歴史学によれば、世界中で、原始共産制から封建社会へと発展したとされているが、その規範となるものは、「土地」であった。やがて社会の規範は、図 1-3（次ページ）に示すように、「土地」から「モノ」へ、そして「情報」へと変化していった。

封建社会の形成過程の中で、重要なのが、規範となる「土地」である。土地の定量化には、面積を正確に測ることが重要であり、土地の価値は、その土地で収穫される農産物の量で決まる。このような背景から生まれたのが、「度量衡（どりょうこう）」だ。度は長さ、量は面積と体積、衡は重さの意味である。古代エジプトや古代バビロニアでも、指や腕の長さを単位とした測量の記録が残されている。

特に興味深いのは、古代バビロニアの度量衡で、以下のようになっていた[5]。

---

[5] 中村滋『数学史の小窓』日本評論社、2015 年。

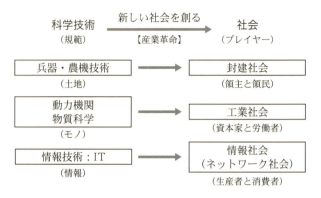

図1-3 社会発展の歴史におけるテクノロジーの役割

長さ：1 クシュ（腕）＝ 30 シュシ（指）＝ 約50 cm、
　　　12 クシュ ＝ 1 ニンダン
面積：1 サル ＝ 1 平方ニンダン ＝ 約36 m²
重さ：1 マナ ＝ 約480 g、1 ギン（シェケル）＝ 1/60 マナ、
　　　1 シェ ＝ 1/180 ギン

ここで、シェとは、大麦の粒という意味。ここで、さらに興味深いのは、メソポタミア圏で使われた貨幣単位が1シェケルで、現在も私がよく訪れるイスラエルの貨幣単位となっている。因みに、1シェケル ＝ 約30円。

1.1.5　古代文明における「数学」

封建社会を形成するにあたって、「数学」は大きな役割を果たしたが、システマティックな封建社会へと発展する前段階として、世界各地の古代文明には、各文明それぞれに個性ある「数学」が生まれ発展していたことが、近年になって明らかになってきた。古代文明は、大河の流域における国家形成によるものである。そ

の基本となる灌漑農業生活を営むために「数学」は生まれ、進化を遂げてきた。この農業生活の実用的な問題と行政上の問題を、当時の「数学者」たちが解決していったのである。それでは、以下に、そのロマン溢れる古代の数学を概観してみる。

(1) 古代バビロニアの数学

　チグリス川とユーフラテス川にはさまれた地域に発展した古代メソポタミア文明における数学を古代バビロニア数学と呼んでいる。ここで、バビロニアは、古代メソポタミアにおいて、広義ではシュメール、アッカド地方を含むメソポタミアの大部分の地域のことで、人類が生んだ数学の起源があるとされている。都市バビロンとその周辺地域をそれぞれ指すが、旧約聖書にカルデアと記されている地方も、バビロニアの一部である。紀元前2400年頃のウル第1王朝に始まり、サルゴンによるアッカド王朝、ウル・ナンムによるウル第3王朝、イシンとラルサの分裂時代を経て、紀元前1900年頃にアモリ人のバビロン第1王朝が勃興し、バビロンが首都となった。

　このバビロニアにおいて、最古の数学が生まれた背景には、約1万年前に、この地域で小石大の様々な土のかたまりできたクレイ・トークンが現われたことに起因するとされている。トークンは、農産物や家畜の貸し借りの証明に使用されたと考えられているが、シンプルなトークンから絵文字の古拙文字が記載されたものへと進化していった。これは、人類最古の文字でもあり、やがて数を表わすようにも進化していった（図1-4、次ページ）。小さなどんぐり型トークンを最小単位とし、それが10個集まると1個の小さな球形トークンとなり、それが6個集まると1個の大きなどんぐり型トークンとなる。数体系としては、1 → 10 → 60 →

図1-4 古代バビロニア時代のトークン
[Courtesy Musée du Louvre, Départment des Antiquités Orientales, Paris, France.
Tokens from Susa, present day Iran, ca. 3300 BC. Starting above from left to right: 1 garment, 1 ingot of metal, 1 jar of a particular oil, 1 ram. Continuing below from right to left: 1 garment, -?-, 1 measure of honey.]

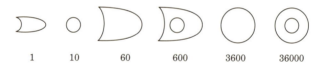

図1-5 古代バビロニア時代の10進法60進法記号

$600 \rightarrow 3600 \rightarrow 36000$ のように、×10, ×6, ×10, ×6, ×10 という10進法と60進法の組み合わせとなっている（図1-5）。また、60進数の位取りの原理を持っていたために、小数の扱いはじつに巧妙で、60進数小数であった。例えば、22.58（. が小数点）という小数は、60進数の22が整数位で、60進数の58は、小数第1位を表わしていた。

クレイ・トークンの後の時代になると、紀元前3200年ごろのウルク神殿史跡から人類初の文字とされる粘土板が出土している。古代バビロニアの粘土板は、なんと数十万枚も出土している。そして、そのほとんどが会計記録版で、面積を求める計算が含まれているとのことである。特に、ウル第3王朝の前、紀元前2100～紀元前2000年頃の粘土板には、農業生産における課税のために必要であった面積の計算が、詳しく残されている。複雑な形をした土地では、長方形を基本とし、三角形で近似して計算されていた。割算で、商と余りを求めた粘土板、長方形や台形の組み合わせを描いた粘土板が出土している。

また、ハンムラビ王の在位期間を含む紀元前2000～紀元前1600年の間に、人類最古の数学問題集が残されている。これには、正四角錐台の体積計算、2次方程式、3次方程式、$\sqrt{2}$ など平方根の計算、円周率の計算（近似値3.125など）が含まれている。

図1-6　コロンビア大学にあるプリンプトン322（粘土板）

プリンプトン322(図1-6)は、紀元前1822〜紀元前1784年に書かれたと推定されている、バビロニア数学について記された粘土板の中でも特に有名なものである。呼び名の由来はコロンビア大学にあるジョージ・プリンプトンの収集の粘土板の、第322番目のものであることに起因する。所々欠損しているが、幅約13cm、高さ約9cm、厚さ約2cmである。ニューヨークの出版業者プリンプトンが考古学商エドガー・バンクスから1922年頃に購入し、1930年代にコロンビア大学に遺贈された。この粘土板が紀元前1800年頃に書かれたとされているのは、楔形文字の書式をもとに推定されたものである。この数表の意味は明確にわかっていないのだが、1つの鋭角が45°〜31°の直角三角形の底辺と斜辺の比、高さと斜辺が、等間隔で記述されていることが分かってきた。

　以上に述べたように、古代バビロニア数学は、バビロニアという都市の生活を支えるために発展したもので、次のような3つの特徴(①代数計算を重視し、図形の性質探求はあまりない、②多くの数表が記述されている、③数の持つ性質を探求している)に集約できる。

(2) 古代エジプトの数学

　世界最長のナイル川(6690 km)は、エチオピア高原での豪雨によって、下流域では6月水位が上昇・氾濫し、11月に水が引いて大地には肥沃な泥土が残される。この流域で、紀元前3000年頃、上エジプト王メネスが上下エジプトを統一し、第1王朝を開基した。統一国家では、神権的専制君主の称号として、「大きな家」を意味する"ファラオ"を用いたことで有名。また、文化・社会面においては、エジプト独自の表意文字(象形文字)が表音化され、

様々な書体で用いられた。パピルス草（paper の語源）から作った紙にインクで書かれている。多神教信仰が行われ、その主神は太陽神ラーであった。また死後の世界として、霊魂不滅と再生を信じ、死者をミイラにして保存、死者の生前の善行や呪文を死者の書としてパピルスに記し、副葬した。暦では、ナイル川の氾濫期にあわせた農作業を行う必要から、1 年 = 12 か月 = 365 日とする太陽暦が用いられ、後にローマで採用されてユリウス暦となった。また、ナイル川氾濫後の土地の復元のため、当時の数学者＝測量士が活躍した。この測地術が実用化され、幾何学の起源となったとされる。"geometry" の語源は、geo（地）と metria（測定）だからだ。この時期に、31 の王朝が興亡した。

さて、正に、古代エジプトの数学は、「測地」のために発達したものである。このために、数字が生まれたが、位取り記数法のない 10 進法で、10 倍ごとに新たな数字が用いられた（図 1-7）。

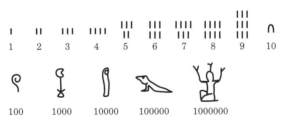

図 1-7　古代エジプトの数字

古代エジプトの数学文書は、中王国時代（紀元前 2030〜紀元前 1770 年頃）の 6 種類が残されている。これらには、エジプト式加減算、乗算、除算、単位分数分解、円の面積計算、ピラミッド型の正四角錐の体積計算などを実に巧妙に計算する手法が掲載され

||||||| ∩∩ ʔʔʔʔʔ ＋ ||||| ∩ ʔʔʔ ＝ ||| ∩∩∩∩ ʔʔʔʔʔʔʔʔ

図 1-8　古代エジプトの加算

ている。加減算では、1から100万までの10進法の位ごとに記号があり、9までこの記号を並べて10になると1つ高い位の記号に置き換えるという単純な表記法を使っていた（図1-8）。また、乗算では、2進法的な2倍法が考案されていた。例えば、$11 \times 14 = 11 \times (2^1+2^2+2^3) = 22+44+88 = 154$ というふうに計算する。今日のコンピュータ内部で試用される2進法の概念に到達していたとも言える。

　さらに、単位分数分解という深い考えに、4000年以上も前に到達していたことが最近になって分かってきたが、それにも理由がある。エジプト数学は、現代人からみてもとても高度だが、1より小さい小数を表現するための小数点の概念がなかったので、自然数を分母とする分数表現を使用していた。そこでは興味深いことに、2倍法乗算を行っていたので、偶数分母なら直ぐに通分して 2/4 = 1/2 とできたが、奇数分母の扱いは苦手で、例えば、2/5 = 1/5+1/5 ではなく、1/3+1/15 のように単位分数の和として表現する。3/7 = 1/4+1/7+1/28 = 1/6+1/7+1/21 など、多くの分解法が存在するためだ。この単位分数和表現は、分配法など様々なパターンが考えられるため極めて便利である。いずれにしても、小数点を扱えた古代バビロニア数学とは異なり、このような単位分数分解という高度な数学があったからこそ、エジプトは栄え、巨大なピラミッドを建造することができたのだ。偉大なる古代エジプト文明は、「数学のチカラ」によるものだったのである。

(3) 古代ギリシアの数学

前に述べたように、古代オリエント文明(現在の中東地域に興った古代文明。古代エジプト、古代メソポタミア［現在のイラクやシリア］、古代ペルシア［イランやアフガニスタン］などが含まれ、シュメール［メソポタミア南部のバビロニア］が勃興した紀元前4000年から、アレクサンドロス3世［大王］が東方遠征を行った紀元前4世紀頃まで）で生まれた人類初の数学は、地中海世界でさらなる発展を遂げる。

すなわち、古代バビロニア(メソポタミア)、古代エジプトで生まれ発達した数学は、タレース、ピタゴラスらの次の時代を担う「数学者」たちによって、イオニア地方(エーゲ海に面した、アナトリア半島［現・トルコ］南西部に古代に存在した地方)や南イタリアで、新たな数学がもたらされたのであった。それは、実用的な問題解決だけではなく、人間の精神の営みとも言える「証明」概念である。そして、地中海世界での数学は、ギリシアへ移り、花開く。特に、紀元前300年頃から開花するヘレニズム文化の時代には、アレクサンドリアにおいてさらなる発展を遂げる。

さて、その新しい時代を切り拓いた「ギリシア数学」の起源は紀元前300年頃とされ、その最初の象徴的な人物がタレース(紀元前625頃〜紀元前547頃)だ。数学上の一般的な事実を「定理」と表現し、それを「証明」することが定式化された。「半円に内接する角は直角である」という有名な定理である。タレース自身が円周上の点と円の中心を結び、2つの二等辺三角形を作ってこの定理を証明したために、この名前がついたとされている。タレースの時代に、「基本的事実から演繹的手法で結果を導く」という「ギリシア数学」が確立されたのである。タレースから、ピタゴラス(紀元前582〜紀元前496、あるいは個人というよりもピタゴラ

ス学派)へ、そして、ユークリッド(紀元前330頃〜紀元前275頃、ギリシア名：エウクレイデス、その生涯についてはほとんどわかっていない)の『原論』に結実する系譜である。

ギリシア数学で確立した「証明」とは、一般には特定の事柄、命題が間違いないことを明らかにすることを意味するが、最初は、演繹的とはいえない直感的なものだった。そこで初めて、「直感」と「演繹」のちょうど中間的な「証明」の例が、図1-9に示す「小石の数学」である。これは、$1+3+\cdots+(2n-1)=n^2$ を小石を並べることで証明している。現在では、数学的帰納法で証明することは周知の事実である。古代ギリシアにはアゴラ(都市国家の公共広場)が存在し、そこに集まって議論が盛んであったとされている。この議論から生まれたのが、あるいは、発見されたのが、「証明」であった。ギリシア数学は「論証数学」の起源とされ、「定

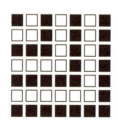

左隅から1辺2個、3個、…、n個の正方形を考えると、$1, 3, 5, \cdots, 2n-1$ の n 個の整数の和が n^2 に等しいことは、n^2 個の石を1辺が n の正方形状に並べたものを、1つの頂点を中心にしてL字型に区切っていけば一目瞭然である。

図1-9　古代ギリシアの小石の数学

義」と「定理」が明確化された。「定義」は、決め事(平行四辺形とは2組の対辺が平行である四角形のこと。正三角形とは3辺の長さが等しい三角形のこと、など)であり、「定理」は、定義からいろいろと証明してみてわかった事実を指す。この「定義」と「定理」を厳密に関連づける手法が「証明」であり、「ギリシア数学」では、高校数学で習う「背理法」と呼ばれる、洗練された証明法も発見された。

　ギリシア数学の集大成が、『ユークリッド原論』である。これは、紀元前3世紀頃アレクサンドリアの数学者ユークリッドによって編纂されたと言われる数学書で、論証的学問としての数学の地位を確立した古代ギリシア数学を代表する書物である。英語の"Mathematics(数学)"の語源といわれているラテン語とギリシア語の"マテーマタ"は「レッスン(学ばれるべきこと)」という意味があり、このマテーマタを集大成したものが『原論』とされている。『ユークリッド原論』は、幾何学、比例論、数論、無理量論(無理数)からなり、全13巻で構成される。このうち1, 2, 3, 4巻と6巻は、平面の初等幾何について主としてピタゴラス学派等の業績、5巻、12巻は当時のプラトン学派の数学者エウドクソスの業績、10巻、13巻はプラトン学派のテアイテトスの業績だと言われている。また、14巻、15巻も存在するが、それらはユークリッドの時代より後になって付け加えられたものだとされている。内容としては、いくつかの定義からはじまり、5つの公準(要請)と、5つ(または9つ)の公理(共通概念)が提示され、前提となる点や線、直線、面、角、円、中心などの概念が定義され、以下に示す5つの公準を真であるとして受け入れることにより、作図の問題の基礎が明確化されている。

【『ユークリッド原論』に示されている5つの公準】
① 任意の1点から他の1点に対して直線を引くこと。
② 有限の直線を連続的にまっすぐ延長すること。
③ 任意の中心と半径で円を描くこと。
④ すべての直角は互いに等しいこと。
⑤ 直線が2直線と交わるとき、同じ側の内角の和が2直角より小さい場合、その2直線が限りなく延長されたとき、内角の和が2直角より小さい側で交わる。

さらに、ギリシア数学を代表する学者をあげると、アルキメデス(紀元前287?～紀元前212)だろう。数学者だけではなく、物理学者、技術者、発明家、天文学者としても有名で、アルキメデスの原理(流体中の物体は、その物体が押しのけている流体の重さと同じ大きさで上向きの浮力を受ける)は、万人が知る物理学の原理となっている。アルキメデスは紀元前287年、マグナ・グラエキア(古代ギリシア人が植民した南イタリアおよびシチリア島一帯を指す)の自治植民都市であるシチリア島のシラクーサで生まれ、ここで活躍した。筆者は、2018年の新年にシラクーサを訪ねた。この街には、アルキメデス広場とレオナルド・ダ・ヴィンチ／アルキメデス博物館がある(図1-10)。業績としては、円周率の計算、放物線の切片の面積の計算、人類初の球の体積($4\pi r^3/3$)と表面積($4\pi r^2$)の計算、組合せ論、先駆的な積分学、ローマ軍を恐れさせた投石器などが知られている。アルキメデスは、ギリシアの産業発展に貢献し、ローマ軍と知恵で戦い戦死した英雄として、その名は後世に伝えられている。

図 1-10 古代ギリシア数学を代表するアルキメデス広場のある街シラクーサ(左下に写っているのは著者)

(4) 古代中国の数学

　続いて世界四大文明の1つである、古代中国文明に目を向けてみる。私は、『人民日報海外版日本語月刊』の理事長を長年務めているが、それは、中国史に深い興味を持っているためだ。そこで、少し詳しく、古代中国の文明史について触れることとする。

　古代中国文明も、他の文明と共通して、大河の近くに文明が生まれ発展している。中国には、長江と黄河という2つの大きな河がある。そして、中国の古代文明は、黄河の中・下流域で始まった。紀元前5000～紀元前4000年の間に、農耕が始まり人々が定着したとされている。黄河文明では、定住に伴って土器が使用されたが、最初使用された土器を彩文土器(彩陶)と呼び、続いて薄手の黒陶という土器が使われた。従って、黄河文明は出土土器で

分類され、前期を彩陶文化（紀元前 4000～紀元前 3000 年頃）、後期を黒陶文化（紀元前 2000～紀元前 1500 年頃）と呼んでいる。彩陶文化は、遺跡が発見された仰韶（ヤンシャオ）村の名前から仰韶文化、黒陶文化は遺跡が竜山鎮にあったので竜山文化とも言われている。

　黒陶文化の末期には、黄河流域にいくつもの共同体ができるようになるが、これらは、城壁で囲まれた邑と呼ばれる都市国家的な集住地だった。各地の邑はそれぞれ独立していたが、力の強い邑がその他の邑を吸収して、国を形成するようになっていった。伝説によれば、三皇五帝という神話上の王が君臨した後、禹王（紀元前 1900 年頃で、夏朝の創始者。名は文命）という伝説的な帝が夏王朝という国を作ったのが始まりとされている。しかし、現在歴史学上で確認できる王朝は、殷王朝が最初である。

　殷王朝は、紀元前 17 世紀～紀元前 11 世紀まで続いた古代王朝で、商と呼ばれる都市を首都に定め栄えた。この大邑商遺跡は殷墟と呼ばれている。殷王朝は、占いや祭祀をもとに政治が行われた祭政一致の神権政治で、この時使われていたのが甲骨文字であり、占いの際に牛の骨や亀の甲羅に書かれたことに由来する。甲骨文字の発見は驚くべきもので、当初安陽県の農民が殷墟から発掘した甲骨を薬屋に売り、薬屋はその甲骨を粉引きでひき、「竜骨」という薬として売っていた。清朝の学者劉鉄雲が、その原料に甲骨文字が刻まれていることを知り、ようやく古代文明の遺物として認知されるようになったという。歴史上の大発見も、自然科学上の大発見と似て、案外偶然の出来事にあるようだ。

　紀元前 11 世紀になると、約 600 年も繁栄していた殷王朝にも翳りが見え、最後の 30 代の王である紂王は、暴君として圧政を行い、次第に民衆から反感をかっていたとされる。そこで、周朝

の創始者である武王は、多くの人民の支持を取り付けると同時に、紀元前1027年牧野の戦いで殷の紂王を破り、殷を滅ぼし西周（殷滅亡から紀元前770年まで）という王朝を建てた。西周は、首都を鎬京（西安の近郊とされるが特定されていない）に定め、各地の諸侯に封土という領地を与え、周王室との関係性から公・候・伯・子・男という称号を与え統治した。この称号は、公爵、侯爵、伯爵、子爵、男爵といった日本の爵位にも受け継がれた。さらに、各地の諸侯に、卿・大夫・士などの世襲の家臣がいて、諸侯は采邑という領土を与え、その見返りに貢納や軍事奉仕を求めるといった主従関係が見られた。正に、これが封建制の確立であった。さらに、周王朝では、親族の血縁関係をもとにした支配構造が確立した。父系の親族集団を宗族といい、嫡流を大宗、傍流を小宗として区別し、大宗が強力な権限で一族をまとめ、支配していった。この秩序を定めたのが宗法で、規則を礼と言う。宗法と礼はそれぞれ封建制を支える重要な役割を果たし、殷の祭政一致と比較して周の政治体制を礼政一致と表現する。

　この世界四大古代文明の1つである黄河文明の成立から周（紀元前1046頃〜紀元前256年）の誕生までの歴史を概観したが、周の衰退が始まると、このあと中国は春秋戦国時代（紀元前770年に周が都を洛邑［成周］へ移してから、紀元前221年に秦（紀元前778〜紀元前206年）が中国を統一するまでの時代）へと向かっていく。その後、中国初の長期統一国家として漢が登場する。漢は、前漢（紀元前206〜8年）と後漢（25〜220年）の二つの王朝（両漢）を総称して「漢王朝」と呼ばれる。それ以降は、魏・呉・蜀の三国時代（220〜263年）、晋・十六国・南北朝時代（265〜581年）、隋・唐・五代十国時代（581〜916年）、宋・遼・夏・金時代（916〜1271年）、元の時代（1271〜1368年）、明の時代（1368〜1618年）、後金・

清時代（1618〜1911年）、現代へと続く。

　ここで、強調しておきたいことは、中国において封建制が確立したことである。この封建制は、民主制が登場するまでの政権の安定基盤として、世界に波及した国家システムである。そして、数学は、この国家システムと強いつながりをもって発展を遂げていったのである。

　前置きが長くなったが、古代中国の数学の発展には、この封建制の確立への社会の変化が、大きく関係していたことを述べることとする。また、古代中国数学の特徴は、「計算技術」にあり、「実用性」の追求に終始してきたように思える。この特徴は、古代ギリシア数学の「哲学性」や「論証性」との対極にあるものと考えられる。

　中国最古の数学の記録は、紀元前3000年頃の『洛書』とされている。これは、中国夏王朝の時代、禹に洪水が起こった時、洛水（黄河に注ぐ長さ420 kmの川）から出た神亀の背中にあったという文様のことである。ここに、人類最古の3次魔方陣（$n \times n$個の正方形の方陣に数字を配置し、縦・横・対角線のいずれの列についても、その列の数字の合計が同じになるもののこと）が含まれていた。

　中国、前漢末に劉　向（紀元前77〜紀元前6）が編纂した書に『戦国策』があるが、ここに、紀元前7世紀に「九九の計算術」に優れた者がいたという記述がある。同書は、劉向が蔵書を整理したときに見つけた、「国策」「国事」「短長」「修書」などと題する竹簡（東洋において紙の発明・普及以前に書写の材料として使われた、竹で出来た札［簡］。木で作られたものを木簡という）がもととなっている。これらは、戦国のときの遊説の士が国々の政治への参与を企て、その国のために立てた策謀について書かれてお

り、劉向は国別／年代順に整理し、一書33篇にまとめ、『戦国策』と名づけられたのだった。

最古の数学書は、竹簡による『数』と『算数書』であるとされている。北京大学出土文献研究所によると、2010年1月、香港の馮燊均国学基金会の出資によって買い戻された秦代の簡牘が北京大学に寄贈された。北京大学出土文献研究所は、直ちにこの簡牘の洗浄・保護・写真撮影・整理作業に取り組んだ。北京大学に収蔵された時点では、多くの簡冊が出土時の状態(巻かれた状態)を保っていた。竹簡の総数は763枚(そのうち、約300枚は正面・背面の両面に文字が見られた)。他に木簡21枚、木牘6枚、竹牘4枚、不規則な形状の木觚1枚、文字の記されている木骰1枚も発見されている。北京大学蔵秦簡中の『質日』(暦譜)に、「秦始皇三十一年(紀元前216)」、「三十三年(紀元前214)」の記述が見える。そのため、北大秦簡が書写された年代の下限は、秦始皇の後期と推定されている。この中で、『算数書』の中の記述は、後で述べる『九章算術』と酷似しており、少なくとも『算数書』は、『九章算術』の源流の一つになったことは間違いないだろう[6]。次に、紀元前1世紀頃成立の『周牌算経』にも「算数」という用語が見られる。

古代中国数学の集大成が、『九章算術』(図1-11、次ページ)である。現存する『九章算術』には、263年に注を加筆した三国の1つであった魏の劉徽の序文があり、先秦の遺文を漢初の張蒼が収集、紀元前1世紀の耿寿昌が手を加えたことが書かれている。問題の内容には、秦から前漢の材料が含まれ、前漢末までに、この書の原型ができたとされている。9章246問の編目から成り、それらは官吏に必要な数学を項目別に網羅したものである。編目は、方田章(田地の求積計算、収録問題は38問)、粟米章(穀物の換算、

---

[6] 城地茂『算数書の成立年代について』数理解析研究所講究録1257巻、2002年、pp. 150-162。

図1-11 古代中国数学を代表する『九章算術』巻頭（劉徽(りゅうき)の注釈本）
［提供：小寺裕氏］

46問)、衰分章(しぶん)(案分比例、20問)、少広章(主として面積ないし体積から辺の長さを求める面積計算、24問)、商功章(土木工事計算、28問)、均輸章(田租の運搬計算、28問)、盈不足(えいふそく)(いわゆる鶴亀算、20問)、方程章(多元方程式、18問)、句股(こうこ)章(ピタゴラスの定理の応用、24問)となっている。『九章算術』では、まず問題文が示され、その後に解答と計算法が示されるという形式となっていて、なぜその計算法が良いのかという論証はない。論証が欠如している古代数学書は多いが、これは、専制政治体制での数学書に共通しているとされている。ギリシアは、都市国家であったことが、自由な論証文化を生む土壌だったのだろう。

「古代ギリシア数学」と「古代中国数学」とを比較すると、古代中国数学は、幾何学と数論においてギリシアに劣るが、算術と代数は、ギリシアを超えていると評されることが多い。それだけ中国数学は、実用性を重視したものであった。アジア各国で近代よ

り活躍する華僑や現代中国の動きも経済最優先であり、経済効果を産み出すために数学者が動員されてきたと言える。

(5) 古代インドの数学

「ゼロの発見と祭壇の数学」として歴史に名を残した「古代インドの数学」は、古代インド文明の中で生まれ発展した。古代インド文明とは、紀元前2300年頃から、インド亜大陸を流れるインダス川流域に都市文明が興ったためにインダス文明と言われ、メソポタミア、エジプト、中国と共に、世界最古の四大文明の1つである。インダス文明は、インダス河口近くのモヘンジョ・ダロと中流域のハラッパという2つの都市が中心となった。これらの2大都市は都市構造に類似性があり、外敵の侵入に備えるために平野に築かれた城壁によって街を囲んでいた。また、舗装道路と上下水道が完備され、安定的な農業生産によって支えられた文明だった。インダス文明は、同時期に発展したメソポタアの都市国家とも交易があり、青銅器、彩文土器、印章などが使われていた。しかし、次第に衰退し、紀元前1800年頃に滅亡した。

インダス初期の文明の滅亡後、紀元前1500年頃、原住地の中央アジア・コーカサス地方で遊牧生活を送っていたインド・ヨーロッパ語族のアーリヤ人が、北西部からインドに侵入し、インド文明は新たな局面を迎える。アーリヤ人の侵入経路は、イラン、アフガニスタンを経て、カイバル峠を越えてインドの西北パンジャーブ地方に入り、さらにガンジス川流域にまで進出した。彼らはインド・ヨーロッパ語族で、白色・高鼻で身長が高く、騎馬戦士と戦車を使って先住民族であるドラヴィダ人らを征服し、紀元前1000年頃には居住地域を東方のガンジス川流域にまで拡大させた。アーリヤ人の中で、ヴェーダの神々への信仰からバラモン教

が生まれ、そこからヒンドゥ教へと発展する。また彼らの征服の過程で、カースト制社会が形成された。アーリヤ人の中では、様々な自然現象を祀った多神教が信じられ、『リグ・ヴェーダ』という儀式・祭式を記した文献が完成した。紀元前1500頃〜紀元前1000年の期間を、この文献の存在から前期ヴェーダ時代という。

　アーリヤ人は、農耕民族として定着する過程で、鉄器やサンスクリット語を使用する高度な文明を築いていった。紀元前1000頃〜紀元前600年の時代を後期ヴェーダ時代といい、初期に成立した『リグ・ヴェーダ』の他に、歌詠の方法に関する『サーマ・ヴェーダ』、祭詞に関する『ヤジュル・ヴェーダ』、呪語に関する『アタルヴァ・ヴェーダ』の3つの文献を新たに編纂し、この4つの経典をもとにしたバラモン教が確立した。バラモン教の確立と共に、「カースト制」身分制度が生まれた。カースト制は、厳格な階層身分制度で、基本的身分は、バラモン、クシャトリア、ヴァイシャ、シュードラの4つの階層だったが、後に職業や社会の変化にともなって約3000のジャーティ（カースト）に分化した。インドの身分制度は、表向きは存在しないということになっているが、現在でもインド社会に根強く残っている。

　インド数学は、紀元前1200年頃〜19世紀までのインド亜大陸に記録の残っている数学に関する活動全体に及ぶ。インド最古の「数」に関するものは、紀元前3000年以降のインダス文明の遺跡から発見されている。具体的には、ロータル（グジャラート州のアフマダーバード南方80kmに位置するインダス文明の都市遺跡）で出土した天秤で、その重りは10進法に基づいていた。他にも物差しにあたる道具も発見されている。また、インダス文明の煉瓦は、長さ、幅、奥行きの比率が4：2：1に統一されており、度

量衡が標準化されていた。先に述べたように、紀元前1500年頃にはアーリヤ人の侵入で、サンスクリット語が発達し、バラモン教のヴェーダ文献の中には数学に関する文献もある。紀元前5世紀には、サンスクリット語の体系と数学が整理されていたことになる。

「祭壇の数学」を特徴とするヴェーダの祭事が減ると、幾何学をはじめとして数学が停滞したが、紀元前400〜紀元前200年頃にかけて、ジャイナ教（紀元前6〜紀元前5世紀頃、釈迦とほぼ同時代のマハービーラによって創設されたインドの宗教）の学者たちは、数論など抽象的な数学に取り組み始めた。ジャイナ教徒は無限を5種類に分類、集合論や超限数（無限の基数［数値を表現する際に位取りの基準となる数、10進数では10倍ごとに桁が上がっていくので基数は10］または順序数のこと［整数など］）概念や対数に関心を示した。また、等差数列、組合せ数学などを研究した。紀元前300年頃にジャイナ教の数学者が書いた『バガバティ・スートラ』の組合せ数学については、ジャイナ教の創始者マハービーラが一般式を見出した。

グプタ朝は、古代インドを代表する王朝で、320〜550年頃まで、パータリプトラを都として栄えた王朝で4世紀に最盛期を迎え、インド北部を統一した王朝である。この王朝時代から学術文化が発展した。パータリプトラ、ウッジャイン、マイソールを中心に数学の研究が進んだ。交流のあったバビロニアからは天文学の知識が伝わり、天文学書・暦法書の『シッダーンタ』では、球面三角法や不定方程式などを扱うようになった。やがて5世紀のアールヤバタ、7世紀のブラーマグプタをはじめとして、数理天文学者たちを中心に数学の業績が多く残されている。12世紀のバスカラ2世、14世紀には南部においてマーダヴァを創始者とする

ケーララ学派が活動を続けた。

　0（ゼロ）の発見については、インドにおいて発見されたという定説はあったが、最近になって定説よりも500年古い3～4世紀頃のものであることが放射線同位元素の測定で明らかになった。元来、「無」が実在することを認め、0を数として定義したのは「無」や「無限」を含む宇宙観を持ち、哲学的に「無」を追究した古代インドであった。最近になって、0の起源が定説よりも約500年もさかのぼることになったのは、「Bakhshali」という古代インドの仏教の修道士向けトレーニングマニュアルに関する調査の結果である。このマニュアルは1881年にパキスタンの農家で発見され、1902年以来、オックスフォード大学のボドリアン図書館に収蔵されてきた。これまでの研究ではBakhshaliは8世紀から12世紀に作られたと考えられてきたが、書物が70種類もの異なる樹皮のページから構成されているため正確な年代を特定するのが困難だったとのこと。そこで、放射性炭素年代測定によってBakhshaliが誕生した年代を正確に調べたところ、最も古い樹皮は224年から383年の間のものと判明。これまでの通説よりも約500年も早く0が発見されていたことが分かった。すなわち、この巻物に記された黒点が、インドにおける最古の0を表す文字であることになったのである[7]。

　古代インドの数学で数としての「0」の概念が確立されたのは、5世紀頃とされている。先に紹介した7世紀の数学者のブラーマグプタは、628年に著した『ブラーマ・スプタ・シッダーンタ』において、0と他の整数との加減乗除を論じ、分母に0を記述した0/0を0と定義した以外はすべて現代と同じ定義をしている。0は「シューニャ」（サンスクリット語：शून्य, śūnya。「うつろな」）と呼ばれた。9世紀頃にはグワリオール文字による0を含む10

進法の表記体系が確立した。

　古代インド数学で、現存する初期の重要な資料をまとめると、以下のようなものがある。『シュルバ・スートラ』(紀元前800年頃)は、祭壇の建築について述べた文献で、幾何学についての記述があり、ピタゴラスの定理の一般的な説明、2の平方根、円積問題などが書かれている。『バクシャーリー写本』(4〜5世紀頃)には、算術の例題として、分数、平方根、損益勘定、利息、三数法などが書かれている。また、代数の例題として、1次方程式、2次方程式、連立方程式、不定方程式、等差数列などが書かれている。記数法においては、0や未知数を表すために点が使用されている。ここで、インドの記数法は、紀元前3世紀前より、インド数字やアラビア数字の祖先となるブラーフミー数字が用いられていた。インドでは、5世紀中頃の教典『ロカヴィバーガ』(458年)に、14236713に当たるインド数字の読み方が、位取りの原理に従って記述され、0を表す「空」という言葉もあったとされる。7世紀に入る頃、広い地域で、9個のインド数字および「空」を表す点・を空位として数字が表現された。例えば、三千十は「・一・三」(左が低位)という具合に表わされ、7世紀のインドでは、10進位取り記数法が確立した。ここで、重要なのは、記号・は、空位を表すと共に、空(何もないこと)を表している。従って、それが数のように用いられたということは、・は、「何もない数」(現在の0)を意味していたことになる。このようにインドにおける0の発見は、「何もない」ではなく「無がある」という概念に到達したことを意味している。この0の発見は、数学史上の大きな成果であり、近代から現代に及ぶ数学の基礎を創ったとも言える。

---

[7]　History of zero pushed back 500 years by ancient Indian text | New Scientist
　　 https://www.newscientist.com/article/2147450-history-of-zero-pushed-back-500-years-by-ancient-indian-text/
　　 Carbon dating reveals earliest origins of zero symbol-BBC News
　　 http://www.bbc.com/news/uk-england-oxfordshire-41265057

当時は0を用いた位取り記数法ではなく、10の倍数ごとに別の数字があった。そこで、前述のブラーマグプタは、628年の『ブラーマ・スプタ・シッダーンタ』において、0と他の整数との加減乗除の概念を正式に用いた。850年頃には、現代の数字に近いグワリオール数字が完成し、0から9までの10個の記号で表すようになったとされている。

　代数学として、数を表すための言語がパーニニによって整理され、代数学が発達する基礎が形成された。数学の一部門としての代数は、アールヤバタの『アールヤバティーヤ』で確立された。代数は「クッタカ」とも呼ばれ、このクッタカという語は、もとは「粉々に砕く」という意味で、係数の値を小さくしてゆく逐次過程の方法を意味するようになり、代数の不定解析を表すようになった。

　幾何学としては、インド数学が「祭壇の数学」と称されるように、『シュルバ・スートラ』に書かれている煉瓦を用いた祭壇の建築法が、インドの幾何学の起源になったとされる。『シュルバ・スートラ』の時代にはピタゴラスの定理が知られており、平方根を求める方式が発達していた。のちに天文学の一分野として三角法や球面三角法を発展させ、インド最大で最後の数学者とも称されるバースカラ2世が体系化した。sinをジバ、cosをコチジバアなどと呼び、「半弦」を取り入れた三角法が確立した。

　インド数学の影響は、0を用いる記数法や算術がイスラム世界に伝わり、アラビア数学に影響を与えた。グワリオールの寺院の壁に残る碑銘こそが、グワリオール文字の0の最古の例とされている。これがアラビアに伝わり、フワーリズミーの著作のラテン語訳 "Algoritmi de numero Indorum" により『アラビア数学』の0として西欧に広まった。また現在、普通に使われている数字は、

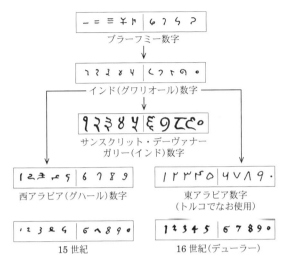

図1-12 インド・アラビア数字の変遷

インドで生まれ、アラビアで育ち、世界に広まった(図1-12)。

(6) 中世への橋渡し役＝アラビアの数学

ムハンマド(570頃〜632、メッカ生まれメディナ没)は、マホメットとも呼ばれるイスラム教の創始者である。幼くして両親と死別し、貧困のうちに羊飼いや隊商として働き、25歳で年長の寡婦ハディージャと結婚し幸福な家庭生活を営む。その後メッカ近郊の山中にこもり瞑想と祈りに入ることを習慣とし、610年ヒラー山上で修行中、アッラーの神からの啓示を受け、のちにアッラーの使徒であることを確信して613年頃からアッラーの啓示を伝え始めた。貧者を中心に信者を獲得したが、メッカの支配階級に迫害され、622年信徒とともにヤスリブ(メディナ)に脱出し、これ

をヒジュラ(ヘジラ)と呼び、後にこの年をイスラム暦元年とした。ムハンマドは、この地を本拠に1つの宗教共同体を形成した。ここで"アッラー"の名のもとに戦闘的布教を開始し、630年にはメッカ、次いで全アラビアを征服し栄光のうちに没した。最後の預言者としてムハンマドが伝えた神の啓示は、『コーラン』にまとめられている。

このイスラム教を信じるイスラム教徒が、西アジアを中心に建設した大帝国が「イスラム帝国」で、中世ヨーロッパではサラセン帝国と呼ぶ。632年預言者ムハンマドの死の翌日、メディナのイスラム教徒は、アブー・バクルを新しい指導者、カリフに選んだ。これが1258年のアッバース朝の滅亡まで続いたカリフ制度で、イスラム史において歴史的カリフ制度の続いていた時代を「イスラム帝国」と呼ばれている。メディナの原始イスラムの共同体が帝国へと発展の歴史は、征服の歴史であった。

最初の征服は633年に始まり、650年までに、東は現在のイランの大部分、西はシドラ湾東岸に至る北アフリカ、北はカフカス、タウルス(トロス)両山脈に至る地が、メディナのカリフ政権の支配下となった。しかし、短期間での大帝国の成立は、イスラム教徒同士の対立を招き、第3代カリフのウスマーンと第4代カリフのアリーは、イスラム教徒によって殺された。アブー・バクルの即位からアリーの暗殺までを正統カリフ時代(632～661年)と呼ぶ。アリーが暗殺されると、対立していたウマイヤ家のムアーウィヤがダマスカスにウマイヤ朝(661～750年)を開き、イスラムに王朝的支配が始まる。ウマイヤ朝は8世紀の初めイベリア半島、アフガニスタン、中央アジア、インダス川下流域を征服したが、インダス川下流域はまもなく放棄され、イスラム帝国の基本的領域がほぼ定まった。この帝国はアラブの征服によって成立したた

め、ウマイヤ朝時代までアラブは征服者集団として特権的地位を得ていた。しかし、ウマイヤ朝の政情は不安定だった。

　預言者ムハンマドの叔父の子孫アッバース家は、このような不和と対立を利用して革命運動を展開し、アッバース朝（750〜1258年）を開いた。政治的にも社会的にもアラブ（アラビア半島や西アジア、北アフリカなどのアラブ諸国に居住し、アラビア語を話し、アラブ文化を受容している人々）とマワーリー（解放奴隷）との平等が実現し、官僚の多くはイラン人マワーリーの知識階級によって占められた。アッバース朝のカリフは、同じ預言者の一族としての家門を誇るアリー家と、これを支持するシーア派に対抗する必要から、法学者を利用してカリフ権神授の観念を打ち出し、スンニ派イスラム法と教義との体系化を図り、信仰の擁護と法の施行をカリフの最重要職責とした。これがイスラム帝国であり、このような体制がほぼ確立したのは、アッバース朝第5代カリフのハールーン・アッラシード（在位786〜809年）の時代であった。

　アッバース朝はウマイヤ朝の領土をそのまま継承したが、756年にはイベリア半島に後ウマイヤ朝（756〜1031年）が成立した。やがて西方の北アフリカと東方のホラサーンで、領内に事実上の主権を行使する独立王朝が成立し始め、それはエジプト、シリアにも及んだ。しかし北アフリカに興ってエジプト、シリアを支配したファーティマ朝（909〜1171年）は、過激なシーア派のイスマーイール派を国教とし、建国のときからカリフという称号を用い、正面からアッバース朝の権威に挑戦した。やがて後ウマイヤ朝の君主もカリフと称し、3人のカリフが並び立ち、イスラム帝国は完全に分裂した。そのうえイラン人の軍事政権ブワイフ朝は、946年にバグダッドに入ると、カリフ制度そのものは存続させたが、軍事、行政、財政に関するカリフの全権限を行使し、イスラ

1 ユーザーから見た数学とは？──産業の視点からの数学観

ムの歴史に武家政治の時代を開いた。武家政治は、1055年にブワイフ朝を倒してバグダッドに入り、カリフからスルタンの称号を授けられたトルコ人のセルジューク朝によって継承された。

十字軍との戦いで勇名をはせたサラディンは、アイユーブ朝(1169〜1250年)を開いてファーティマ朝カリフを廃し、エジプトとシリアにスンニ派イスラムの支配を回復した。このときまでに後ウマイヤ朝のカリフも消滅し、アッバース朝第34代カリフのナーシルは、カリフ政治の復活を意図し、1194年フワーリズム・シャー朝と結んでイラクのセルジューク朝政権を滅ぼした。しかし、1258年にフラグの率いるモンゴル軍がバグダッドを陥れ、アッバース朝は滅んだ。

その後も、イスラム世界にカリフと称するものは存在したが、それはカリフの名にふさわしい実体をもたず、法学者も彼らをカリフとは認めなくなった。アッバース朝の滅亡と、歴史的カリフ制度の消滅により、イスラム帝国は終焉した。以上が、アラビア人の大帝国＝「イスラム帝国」の始まりと終わりの歴史である。この8〜15世紀頃の時代にアラビアには、以下に述べるように、数学者が大活躍したのだった。

ヨーロッパの歴史観として、ギリシアの学問はローマに継承され、中世の断絶を経てルネサンスで蘇ったという説があるが、これは、数学の発展を考慮していない歴史観である。重要なのは、西洋文明にはなかった12世紀の「ルネサンス以前の高度な数学者たちの活動」である。その活動とは、アレクサンドリアのユークリッド(幾何学の父)、マグナ・グラエキア(古代ギリシア人が植民した南イタリアおよびシチリア島一帯を指す。"大ギリシア"の意味)の1都市シラクーサのアルキメデス、小アジア(現在トルコの一部)の町ペルガのアポロニウス(紀元前262頃〜紀元前190頃、

円錐を頂点を通らない平面で切断した断面の図形、楕円・放物線・双曲線について詳細な研究）、アレクサンドリアのプトレマイオス（100頃〜170頃、地球中心の宇宙体系と、離心円、周転円の組み合わせで諸惑星の運動を説明する精密な天文学理論『アルマゲスト』）などの「高度な数学者たちによる活動」である。彼らの仕事の内容を理解したのは、ローマではなくイスラム帝国であり、「アラビア数学」へと継承され発展したのだった。

　さて、「アラビア数学」は、8〜15世紀のイスラム世界において、主にアラビア語を用いて行われた数学全般のことで、イスラム数学とも称される。アラブ地域外でも行われ、担い手にはアラブ人やイスラム教徒に限らなかったとされる。アラビア数学は、ギリシア数学やインド数学の影響を受け発展し、アル・フワーリズミー（780頃〜850頃、イランの数学者・天文学者で『積分と方程式計算法』を著し、代数学の創始者としてヨーロッパ数学に影響を与えた）、バッターニー（858頃〜929、アッバース朝時代にシリアで活躍した天文学者、数学者。正弦法の導入、コタンジェント表の計算、三角法の球面三角法の定理［球面幾何学］の発見など、三角関数を整理する業績を残した）など多数の優れた数学者を輩出した。ヨーロッパ古典古代からの影響としては、焚書（書物を焼却する行為。通常は、支配者や政府などによる組織的で大規模なものを指す。言論統制、検閲、禁書などの一種）されたギリシア語の著書をアラビア語に翻訳し、ユークリッド幾何学を引き継いだ。厳密な論証も引き継がれた。

　インドからの影響としては、「0の概念」や「位取り記数法」が挙げられる。なお、算用数字は、一般に「アラビア数字」とも呼ばれるが、アラビアで用いられている数字（ヒンディー数字）とは異なる。

以上のように歴史の交差点＝「アラビア数学」は、8〜15世紀に発展したが、特にヘレニズム時代（ヘレニズムとは「ギリシア風の文化」の意味。古代ギリシア人が自らを英雄ヘレンの子孫という意味の「ヘレネス」と呼び、その土地を「ヘラス」と言ったことによる。世界の文化史上は、紀元前4世紀のアレクサンドロス大王の東方遠征によって、ギリシア文化とオリエント文化が融合した文化が形成された時代。アレクサンドロスの死亡［紀元前323年］からプトレマイオス朝エジプトの滅亡［紀元前30年］までの約300年間を指す）の数学・科学に関する多くの古典が翻訳された。しかし、この翻訳に留まらず、多くの独自の功績を残した。具体的には、n乗根の求め方、小数の考案、様々な計算法、代数学の創始、三角法の深化（ギリシアではサイン、インドではコサイン、アラビアではタンジェントなど6種類が完結した）などがあげられる。そして、アラビア数学は、後年ラテン語に翻訳されヨーロッパに伝わり、ヨーロッパの近代化に大きな役割を果たした。さて、その独自に発展した「アラビア数学」を代表する代数学の創始者のアル・フワーリズミーによる『ヒサーブ・アル＝ジャブル・ワル＝ムカーバラ』を具体例としてあげる。アル＝ジャブルとは、方程式にマイナス項がある時に、同一項目を両辺に加えることでマイナス項が消えプラス項が現われるため、「復元」の意味となっている。また、代数学（アルジェブラ、algebra）の語源でもある。ワル＝ムカバラは、方程式の両辺に同類項がある時に、まとめたり共通因数を割算することでの「簡約」となっている（図1-13）。

図1-13 アラビア数学を代表する代数学の創始

1.2 中世ヨーロッパ・ルネサンスからデカルトの時代と「数学」

1.2.1 中世ヨーロッパと数学

（1） 中世ヨーロッパとは？

4世紀後半、アジア系遊牧民族のフン族が西進し、ゲルマン人の諸民族がヨーロッパ各地に移動して諸国を建国していった。このゲルマン民族の大移動によって、西ローマ帝国は476年にゲルマン人の傭兵軍によって滅ぼされ、ヨーロッパは中世の時代に入った。関税や盗賊で陸上交通は不便になり、イスラム勢力の台頭で、地中海の制海権も失ったため、貨幣経済の中心を担っていた都市が衰退、また穀倉地帯の属国も失い、自給自足の経済に逆戻りしてしまった時代が中世である。

中世前期は、5〜10世紀を指す時代区分で、西ローマ帝国の衰退に続いて始まり、後には中世盛期(1001〜1300年)へ続く。特に都市部での人口減少、交易の衰退、移民の増加が継続したとされる。また、この時代は、文芸作品や文化的創造物が少なく、「暗黒時代」と呼ばれてきた。しかし、後半には反転現象が起こった。東ローマ帝国が生き残り、7世紀にイスラム帝国がかつてのローマ帝国のかなりの領域を支配し、イベリア半島では後ウマイヤ朝が栄えた。西ヨーロッパでは、800年にカール大帝により皇帝の称号が復活し、大帝のカロリング帝国は、ヨーロッパの社会構造と歴史に大きな影響を与えた。封建制度の中で体系的な農業が復活し、三圃制(農地を冬穀[秋蒔きの小麦・ライ麦など]・夏穀[春蒔きの大麦・燕麦・豆など]・休耕地[放牧地]に区分しローテーションを組んで耕作する農法)やヘビー・プラウ(種まきや苗の植え付けに備えて最初に土壌を耕起する高性能農具)等が発明された。蛮族の侵入は、多くの地域で鎮静化したが、北部はバイキングの侵攻によって大きく影響を受けた。

　中世における第2の時代区分である中世盛期とは、ヨーロッパ史において11〜13世紀を中心とする時代で、1500年までとされる。中世盛期の顕著な傾向は大幅な人口増加で、前時代からは政治的・経済的に大きな変化が生じた。1250年の大幅な人口増加によって引き起こされた経済成長は、地域によっては19世紀までは二度と実現されなかったほど大きなものとされる。しかし、こうした人口増加は、中世後期に発生したペスト戦争などで抑制されることとなる。780年頃からの西ヨーロッパでは民族移動時代が終わり、政治的・社会的な組織化が進展した。南欧では、イスラム系諸国が発展し、ヨーロッパにおける科学と哲学の復興をもたらした。このことが、数学の発展にも大きな影響をもたらすこ

ととなった。前述のアラビア数学の発展である。ボローニャ、サレルノ、パリ、モデーナには最初の大学が設立された。バイキング達はブリテン諸島やフランスをはじめ各地に定住したが、同時にキリスト教を国教としたノルド人の諸王国は、故郷のスカンディナヴィアでも発展した。マジャル人（ウラル山脈中南部の草原の遊牧民）は、10世紀頃に侵入を停止、1000年頃までにキリスト教国ハンガリー王国として、地域の諸大国と同盟を結びつつ、中央ヨーロッパにおけるその地位を確立した。異民族の侵入は、この時代に終わった。11世紀になると、アルプス山脈の北方のゲルマン人達は新たな土地を求めて入植を始めた。ヨーロッパに残っていた広大な森林や湿地はこの時代に開墾され耕作地となった（グレート・クリアランス）。また、入植活動は、フランク王国の旧来の国境線を越えて東方未開地に及び、エルベ川を超えて東に拡張する過程で、ゲルマン人の居住地域は3倍に拡大した。

ここで、強力な指導力を持つカトリック教会は、聖地を占領したセルジューク・トルコに対する十字軍遠征を全ヨーロッパに呼びかけ、それによりレバント（シリア、レバノン、ヨルダン、イスラエル、パレスチナ自治区を含む地域）に十字軍国家を建国した。北方ではバルト海の植民地化が行われ、イベリア半島ではキリスト教諸国軍がムーア人（北西アフリカのイスラム教教徒）をレコンキスタ（718～1492年までに行われた、複数のキリスト教国家によるイベリア半島の再征服活動）によって駆逐し、ノルマン人は南イタリアに植民した。

中世盛期に、知的で精神的な芸術作品の分野に多くの様式が生まれた。また、この時代にはエスノセントリズム（自民族中心主義）が台頭するが、これが近代ヨーロッパ諸国に見られる国民国家の思想につながる。イタリアでは都市国家が興隆し、イベリア

半島でアンダルス(イスラム勢力による統治)の勃興と没落があった。アリストテレスの著作群が再発見されたことは、トマス・アクィナス(1225頃〜1274、イタリアの神学者、哲学者。シチリア王国出身。ドミニコ会士。『神学大全』で知られるスコラ学の代表的神学者)をはじめとする思想家が、スコラ学(中世ヨーロッパで、教会・修道院付属の学校や大学を中心として形成された神学・哲学の総称。教会の権威を認め、教義の学問的根拠づけを目指し、13世紀にトマス・アクィナスによって集大成)を発展させた。建築では、有名なゴシック大聖堂の多くの建設がこの時代に着工され、完成された。中世盛期という時代区分は、14世紀に始まった相次ぐペストの流行や飢饉の発生よって区切られる。

中世後期は、14〜15世紀頃(1300〜1500年)の時代を指す時期区分である。中世後期に続くのは近世(ルネサンス)であるが、中世後期をルネサンス期の一部に組み込んで中世と分離することや、ルネサンス期について中世後期または近世の一部に組み込む考えもある。

1300年頃から、それまでの数百年間のヨーロッパの繁栄に抑止力が働いた。1315〜1317年の大飢饉やペストの流行によって人口が激減。人口減少と共に社会不安と地域的騒乱が勃発し、都市や農村での民衆暴動や党派的抗争が起こった。フランスやイングランドでは、大規模な農民蜂起が起こった。この時代の多くの問題に加えて、カトリック教会の統一性は教会大分裂によって打ち砕かれた。こうした危機にもかかわらず、14世紀は文芸と科学において大きな発展を遂げた。イスラム世界やビザンツで継承されていた古代ギリシア・ローマの文献に対する、中世盛期に復活した関心(12世紀ルネサンス)が、中世後期を通じて後にイタリア・ルネサンスへとつながっていった。ラテン語文献の吸収は十字軍

におけるアラブ人との接触を通じて中世盛期に始まり、重要なギリシア語文献の獲得はオスマン帝国によるコンスタンティノープル占領によって加速した。この時、多くのビザンティンの学者が西欧(特にイタリア)に亡命したためである。この古典思想の流入と印刷技術の発明は印刷物の普及と学問の大衆化をもたらした。そして、後の宗教改革へつながっていく。この時代の終盤、大航海時代という発見の時代が始まった。1453年のコンスタンティノープル陥落で全盛期を迎えたオスマン帝国の隆盛によって東洋との交易機会は阻まれ、ヨーロッパ人は新たな貿易航路の発見を余儀なくされ、西へ向う決断をしたのだった。1492年のコロンブスによるアメリカ大陸への航海や、1498年のヴァスコ・ダ・ガマによるアフリカ経由のインドへの周航である。彼らによる「発見」が、ヨーロッパ諸国の経済力と国力の強化をもたらすこととなった。

(2) 中世ヨーロッパの数学

　ヨーロッパが中世の停滞の時代に、数学史において重要なことが773年にバグダッドで起こった。インドの数学者が、イスラム帝国の都バグダッドを訪れ、10進位取り記数法を用いて書かれた天文学書を伝えた。イスラム支配者は、ヨーロッパ中世初期の4世紀末以降、キリスト教の異教徒迫害から東方に逃れたアレクサンドリア図書館の学者を保護し、古代ギリシア数学の高度な知識はイスラム学者に引き継がれることとなった。イスラム学者は、インド数学の重要性を直ぐに理解した。前述の如く、アラビア数学を代表する、アル・フワーリズミーは、9世紀初頭『ヒサーブ・アル=ジャブル・ワル-ムカーバラ』を著し、インド数学をイスラム数学の中に浸透させた。特に、インド式10進位取り記数法は、

極めて便利で、一気に広まった。しかしながら、ヨーロッパ人がこの貴重な文献に接したのは、ノルマン人の傭兵がイスラム教徒の支配からシチリア島を奪還し、十字軍遠征によってイベリア半島を取り戻した12世紀以降のことだった。インド数字は「アラビア数字」の名で、ヨーロッパに徐々に浸透し、0も数として認識された。さらに、ユークリッド『原論』を含む古代ギリシア数学や、前述のアル・フワーリズミーの『ヒサーブ・アル=ジャブル・ワル=ムカーバラ』も何度となく翻訳出版されるようになった。

　以上に概観した中世ヨーロッパにおける数学者たちの活動を追ってみよう。ヨーロッパとは、何か？を考える時、最も重要な要素がキリスト教である。中世の時代は、徐々にキリスト教がヨーロッパ各国に広まり、第1回十字軍遠征(1096年)の頃にはローマ教皇の権威がヨーロッパ全域で確立され、都市の発展によって国力が増し、ついにヨーロッパからイスラム勢力を排除することに成功した。12世紀の中頃、製紙技術がヨーロッパに伝わったことから、イスラム勢力から奪還した図書館にあったイスラムや古代ギリシアの重要な書物がラテン語に翻訳された。このことで、イスラム社会から数学や科学の遅れを取り戻すチャンスを得たのだった。従って、12〜13世紀の中世は、ヨーロッパ学者が先行するアラビア数学、ギリシア数学を理解する時代だった。

　中世ヨーロッパの数学という視点で概観すると、8世紀末から9世紀始めにかけて、フランク王国のカール大帝の時代に学問が奨励され、カロリング・ルネサンス期に大帝が招いたヨークのアルクイン(735〜804、カール大帝の宮廷に仕えた神学者、著述家)が書いた数学の教科書があった。しかし調べてみると、10世紀末にジェルベール(フランスの聖職者、教育者で、数学と天文学)が現れるまで、西ヨーロッパには、見るべき数学がなかったと言え

る。文化活動としての「数学の輸入」が始まったのは1142年で、ユークリッドの『原論』のラテン語訳が、イングランド南西部のバースのアデラード(1075〜1160、イギリスの修道僧だったが、1120年頃イスラム教徒に変装しコルドバ大学の講義に出席して『原論』の写本を入手したとされる)により著された。ゲラルド(1114頃〜1187、イタリア出身の翻訳家)は、プトレマイオスの『天文学大全(アルマゲスト)』、アル・フワーリズミーの『代数学(ヒサーブ・アル=ジャブル・ワル=ムカーバラ)』など、実に800冊以上の翻訳を行った。こうして、当時のヨーロッパの数学者は、初めてアラビアの代数学と三角法を知り、研究に没頭したとされる。

　そして、ついに歴史を動かす数学者が登場する。アルゴリズム(インド・アラビア記数法)を普及させるために大きな影響を与えたのが、フィボナッチ数列(1, 1, 2, 3, 5, 8, … : 前の2項の和が次の項となる)で有名なイタリアのピサのレオナルド・フィボナッチ(1174頃〜1250頃)だった。彼は、イスラム圏を巡って知識を深め、『算盤の書』(1202年)、『実用幾何学』(1220年)、『平方の書』(1225年)によって、イスラムの数学を初めて体系的にヨーロッパに紹介。自治権を得て発展しはじめたイタリアの都市の測量術士や算法教師たちは彼の著作から多くを学んだ。特に、フィボナッチ数列を含む『算盤の書』は大ベストセラーとなった。この書の冒頭に、インド・アラビア数字が紹介されている。インド人の用いた9つの記号は、9, 8, 7, 6, 5, 4, 3, 2, 1だったが、これに加えて、アラビア人たちが"zephirum"(暗号)と呼んだ"0"を用いれば、いかなる数字も表現できることが著されている。彼の著作は、中世ヨーロッパで300年以上も読まれ、ルネサンス時代の新しい数学誕生の先駆けとなったのである。

その他の数学者としては、代数学的センスをもって数字の代わりに文字を使用したヨルダヌス・ネモラリウス(13世紀半ば)、『原論』の権威あるラテン語訳をつくったヨハネス・カンパヌス(1260年頃)、アルキメデスの論文をラテン語に翻訳したメールベクのギョーム(1215～1286)、イギリスの神学者・哲学者・数学者トマス・ブラッドワーディーン(1290～1349)、フランスの数学者・司教のニコル・オレーム(1323～1382)などが知られている。数学の他の学問としては、12～13世紀にかけて、スコラ学、俗語文学や叙事詩など文学、医学や科学、ゴシック建築などヨーロッパ各地で文化活動が活発化した。次に述べるように、この時代は12世紀ルネサンスと呼ばれていて、大学が続々と創設されるなど後の「ルネサンス」へ続く重要な時代だったと言える。

　中世の第2歴史区分の中世盛期の12世紀の末、ヨーロッパの都市に大学が誕生することとなった。その形態は様々で、教会の付属学校から出発した1150年創立のパリ大学、教師のギルド(同業組合)から始まった1096年創立とされるオックスフォード大学、学生のギルドを起源とし1088年創立のボローニャ大学がヨーロッパ最古の大学群である。最古とされるボローニャ大学では、学生が教師を雇って給料を払う仕組みを取り、最古の3大学に共通の神学部をはじめ、学芸学部、法学部、医学部から構成されていた。学芸学部(教養学部)では、6年で基礎学問を学び、カリキュラムは、古代三科(論理学、文法、修辞学)とギリシア学問の四科(算術、幾何、音楽、天文)で構成されていた。その中でも、ギリシア哲学の流れ汲む論理学が哲学的・科学的な探求方法と位置付けられ、アリストテレスの『論理学書』が、その基本テキストとされていた。14世紀には、オックスフォード大学やパリ大学におけるアリストテレスの自然学関連著作の研究を発端に運動に関す

る数学が発達しようとするが、このような新しい研究は歴史に埋もれ、そしてルネサンス時代に再発見されるのである。

1.2.2　ルネサンスと数学
(1)　ルネサンスとは？

　ヨーロッパは、先に述べたアラビア数学の活気のあった時代（8〜15世紀）と比較して、中世の暗黒時代だった。全てがキリスト教の教義によって支配され、学問や芸術が停滞していた。

　そこで起こった、ヨーロッパの学術・文化面での復興の活動がルネサンスである。ルネサンスは、「再生」「復活」を意味するフランス語で、古典古代（ギリシア、ローマ）の文化を復興しようとする文化運動で、14世紀にイタリアで始まり、やがて西欧各国に広まった。日本では、「文芸復興」と訳されていたが、文芸のみでなく広義に使われるため現在では余り使われない。「ルネッサンス」とも表記されるため、現在の歴史学、美術史等では「ルネサンス」と外来語表記される。ルネサンスは、14世紀にイタリアに始まり、15世紀に最も盛んとなって16世紀まで続くが、文化芸術だけではなく、15世紀末からの大航海時代、16世紀の宗教改革、さらにイタリア戦争に始まるから主権国家の形成と密接に関係しながら、ヨーロッパ近代社会の成立への橋渡しをする時代である。ルネサンスの意義は、封建社会と神中心の世界観による束縛から、人間性の自由を求め、個性を尊重するという近代社会の原理を生み出した。ルネサンスという言葉を初めて用いたのは1855年『フランス史』の第7巻を『ルネサンス』と言うタイトルで書いたフランスの歴史家ミシュレで、フランス革命の理念である自由、理性、民主主義を基本に、政治と宗教の専制支配に反対し、自由と人間の尊厳を神聖視するという彼の生きた19世紀の思想の立

場から、14〜15世紀のイタリアよりも、16世紀のコロンブス、コペルニクス、ガリレオなどの新しい地球観と、ラブレー、モンテーニュ、シェイクスピアなどの著作による人間の発見を「その精神において、近代と揆を一にする時代（同じ方法をとる）」と評価した。しかし一方では、このようにルネサンスを「近代の始まり」とする見方は現在では後退し、「ルネサンスの限界」が指摘されている。確かにルネサンスは、文化、芸術、思想上の運動であり、キリスト教支配そのものや封建社会そのものへの批判や破壊を目指すものではなかった。その点では単純に「ルネサンスが近代をもたらした」とは言い切れないが、その延長線上にある17世紀にはアルプス以北のルネサンスが新しい展開を示し、18世紀の産業革命とフランス革命という「近代の成立」に直結している。

　また、歴史上、ルネサンスへいつ到達したのかという点では、最近の歴史観には変化が見られている。一般的にルネサンスは14世紀のイタリアに始まるとされてきたが、長く続いた中世の時代に新たな動きがあった。8〜9世紀にフランク王国のカール大帝が宮廷でのラテン文化の保護に務めた時代は、カロリング・ルネサンスと言われている。十字軍時代のイベリア半島や南イタリアでのイスラム文化との接触の中から生まれた12世紀ルネサンスも、14世紀以降のルネサンスへの橋渡しとなる動きだったと言える。しかしながら、これらの「中世時代のルネサンス」は、国王と宮廷の間に起こったことで、民衆的な広がりではなかった。

　本格的なルネサンスは、14世紀初頭のイタリアで、十字軍運動の影響として始まった東方貿易の拠点としての北イタリアが、重要な役割を果たした。具体的には、ヴェネツィア、ジェノヴァなどの海港都市共和国（コムーネ）が出現し、さらに内陸のフィレンツェが毛織物業と商業で繁栄するようになった。この「商業ルネ

サンス」があったからこそ、北イタリアの商業都市の発展を背景に、都市の市民文化が成長し、ダンテ、ペトラルカ、ボッカチォらが現れ、文芸でルネサンスが始まり、絵画ではジョットが先駆的役割を果たした。一方で権力闘争も起こり、過去から続く教皇派（ゲルフ）と皇帝派（ギベリン）の抗争が続き、教皇のバビロン捕囚や教会大分裂など、カトリック教会の教皇権力の衰退が進んだ。1339年には英仏の百年戦争が始まり、その間にイギリスのワット・タイラーの乱やフランスのジャックリーの乱などの農民反乱が起こった。そして、ペストの流行と共に、封建社会の矛盾が露出し始めた。ドイツでは1356年に金印勅書（神聖ローマ帝国皇帝カール4世が発布した帝国法。皇帝［ドイツ国王］選挙権を7人の選帝侯に限定し、選帝侯領の地位と権力を公認した。文書に金印を用いた）が出され、神聖ローマ帝国の皇帝選出ルールが定まった。

15世紀には、フィレンツェの繁栄が顕著となった。イタリアの自治都市フィレンツェ共和国は1400年代、経済発展を背景に市民層が文化の担い手となり、建築家ブルネレスキがフィレンツェにサンタ・マリア大聖堂を建設、彫刻ではギベルティやドナテロ、絵画ではジョットとマサッチョが活躍した。画家ボッティチェリは、『春』や『ヴィーナスの誕生』などの美しい人間性表現で、ルネサンス美術を世界へ発信した。フィレンツェの市政は、有力市民のメディチ家が芸術や学問の保護者として重要な役割を果たした。

1453年にオスマン帝国によってコンスタンティノープルが陥落し、ビザンツ帝国（東ローマ帝国、395年、東西に分裂したローマ帝国のうち東方の帝国）が滅亡したため、ギリシア人学者が多数フィレンツェに移り、ギリシアの古典文化をもたらした。同年、

百年戦争が終結、イギリスでは引き続いてバラ戦争に突入、長期にわたる戦争で英仏とも封建領主の没落が進む一方で王権の強化が始まった。

このような時代背景の下、15世紀後半から16世紀にかけてがイタリア・ルネサンスの全盛期となり、ダ・ヴィンチ(1452〜1519)、ミケランジェロ(1475〜1564)、ラファエロ(1483〜1520)が活躍、政治思想家マキァヴェリ(1469〜1527)が登場した。しかし、この時期のフィレンツェには、権力闘争の混乱も起こっていた。メディチ家政権が倒され、サヴォナローラの改革が行われたが、間もなくメディチ家が復活して専制政治を行うようになったのだった。1494年にはフィレンツェの混乱に乗じてフランス王がイタリアに侵攻してイタリア戦争が始まり、イタリア全土が混乱した。フィレンツェ以外では、ミラノ公国のスフォルツァ家やローマのユリウス2世などのローマ教皇が、ルネサンス芸術のパトロンとして存在した。また、イタリア以外でもエラスムス(ネーデルラント出身の人文主義者、カトリック司祭、神学者、哲学者)、トマス・モア(イングランドの法律家、思想家、人文主義者)などの近代思想の先駆となる思想家が輩出した。

16世紀中頃には、イタリア・ルネサンスの中心は、フィレンツェからローマに移り、ローマ教皇がその保護者となった。ブラマンテが最初の設計を担当、ラファエロ、ミケランジェロがその設計や建設、壁画の制作などに加わったサン・ピエトロ大聖堂がルネサンス様式の代表的な建造物として完成した。しかし、この修築費用捻出のためにローマ教皇レオ10世は、ドイツでの贖宥状(しょくゆうじょう)(16世紀、カトリック教会が発行した罪の償いを軽減する証明書。免罪符とも呼ばれる)の発売に踏み切り、それに対して1517年にルターの宗教改革が開始された。

一方、レコンキスタ(718年から1492年までに行われた、複数のキリスト教国家によるイベリア半島の再征服活動)を完了させたポルトガル、スペインは、絶対王政を強化し、ヨーロッパ東方でのオスマン帝国進出に対応して、西方への新航路の開拓に向かい、大航海時代の幕開けとなった。

　こうした世界規模の権力闘争の拡大の中で、イタリア・ルネサンスは、終焉を迎える。宗教改革によって、ヨーロッパは、深刻な宗教対立の時代に突入する。またイタリア戦争に見られるフランス王室とハプスブルク家の対立が続き、その間、主権国家の形成が進行した。特にイタリア戦争はローマに及び、1527年神聖ローマ皇帝カール5世の派遣した軍隊によってローマが破壊されたことは、イタリア・ルネサンスの終焉を象徴する出来事となった。美術史では、1520年のラファエロの死で、ルネサンスは終わりを告げた。その後、次の様式＝マニエリスム(16世紀ヨーロッパ芸術の支配的美術様式)の時代を迎える。1530年フィレンツェの都市共和政が終わり、メディチ家の世襲権力によるトスカーナ公国となったことも、ルネサンスの終焉の象徴的出来事となった。ミケランジェロは創作を続け、フィレンツェを離れローマを活動の場として、晩年の大作『最後の審判』を制作した。

　16世紀ルネサンス芸術は、イタリアではヴェネツィアが新たな中心地となり、アルプス以北のフランス、オランダ、ドイツ、イギリスへと拡散していった。宗教改革と連動して、オランダのスペインからの独立戦争が始まり、オランダを支援したイギリスが1588年にスペインの無敵艦隊を破ったことで、スペインの没落が始まった。こうして、大航海時代以降に形成された新しい世界の経済システムが確立するが、イギリスには、この頃の時代を反映した戯曲を数多く創作したシェークスピア(1564〜1616)が登場し

た。ルネサンスに続く17世紀のヨーロッパは、三十年戦争に代表される17世紀の危機といわれる時代であり、ルネサンスから「科学革命」の幕開けを迎えることとなった。

　さて、この中世からルネサンス時代のヨーロッパでの時代の流れをまとめると、中世は、キリスト教精神が全てを支配し、学問と芸術が停滞した時代とされる。この時代、アラビア圏が、文化・経済・学問の中心となった。このアラビアで発展した学問を、ヨーロッパ系の言語話者が翻訳し、ギリシア時代の学問などが逆輸入でヨーロッパに入っていったのだった。ルネサンスでは、アラビア経由で逆輸入されたギリシア文化に感化されて、写実的な美術、人間中心的な文学、そして理性を重視する思想が花開いた。レオナルド・ダ・ヴィンチの非常に精巧な描画手法は、中世ではなくむしろギリシア的スタイルの復活と言える。このルネサンスの影響で、後の「科学革命」の幕開けをもたらしたガリレオやデカルトが出現することとなったのである。

(2)　ルネサンス時代における数学

　通常ルネサンスは、14世紀の始めフィレンツェを中心に古典芸術や文学の復興を目指して起こった動きだが、ルネサンス時代の数学は、芸術分野と比較して大きく出遅れたとされている。14世紀は、前世紀に続く古典の翻訳と中世数学の追従に終始し、15世紀半ば頃になってようやく新たな動きが始まった。また、12～13世紀にかけて、ギリシア数学者たち、ユークリッド、アポロニオス、アルキメデス、プトレマイオスの書物の翻訳がなされたが、中世における学問の停滞の影響で、当時の人々にとって難解過ぎたようだ。また、当時の大学では、教養部にはローマ時代末期からの伝統となった自由7科(文法、修辞学、論理学、算術、幾何、

音楽、天文学)があったが、専門課程では、神学、法学、哲学、医学が中心で、数学と自然科学は、重視されておらず、学士を得るために算術を超える数学の知識は、不要とされていたようだ。

　さて、いよいよ、数学のルネサンスが始まったのはドイツだった。その後イタリアに移行したが、それには次に示すような経緯があった。古代の数学の発展は「農業」の発達と密接に結びついていたが、ルネサンス当時の数学の発展は「商業」の発達に直接的に結びついていたため、数学は商業の盛んな都市で活発化していった。ドイツでは、ニュールンベルクなどが代表都市で、昔からコンスタンティノープル(東ローマ帝国の首都で、現在のトルコの都市イスタンブール)からバルカン諸国(バルカン半島に位置する国々。現在のアルバニア、ギリシャ、クロアチア、コソボ、マケドニア、セルビア、モンテネグロ、ブルガリア、ボスニア・ヘルツェゴビナ、トルコ)を経てウィーンに至る商業ルートが開けていて、ギリシアの文献のドイツへの流入が盛んだった。そこへ、15世紀半ばに、ドイツ人グーテンベルクの発明による活版印刷術が普及し、ニュールンベルクは印刷業の中心地として発展し、科学・芸術の一大拠点へと発展したのである。

　このような背景から、ルネサンスの数学の特徴は、アルゴリズムの使用により「商業用算術」が進歩したこと、「代数学と三角法」が進化したこと、「幾何学」の発展がないこと、「負数」がないこと、「記号・文字」の使用が始まったことである。15世紀の代表的数学者としては、後に枢機卿となった神学者・哲学者・数学者のニコラウス・クザーヌス(1401〜1464、1430年司祭に叙階)、ニュールンベルクで活躍した数学者・天文学者のレギオモンタヌス(1436〜1476、ドイツ名：ヨハネス・ミュラー・フォン・ケーニヒスベルク)などがあげられる。レギオモンタヌスは、15世紀最

大の数学者と言われ、プトレマイオスの『天文学大全』のラテン語新訳の完成と『三角法のすべて』の著作が有名である。ドイツとイタリア以外で活躍した数少ないフランスの数学者としては、ニコラ・シュケ(1500年頃活躍)が算術の3つの分野に関する『数の学の三部』を書いた(第一部：有理数の計算、第二部：無理数、第三部：方程式の理論)。ライプツィヒのヨハン・ヴィドマン(1460〜16世紀初め)は、1489年『商業用算術書』を出版したが、本書は記号"＋"と"−"が印刷された最古の数学書である。16世紀前半は、ドイツ代数学が活発化した時期で、アダム・リーゼ(1492〜1557)が、ローマ数字とそろばんを使う古い計算法からインド・アラビア数字を使う新しい計算法への変化をもたらした。クリストフ・ルドルフ(1500〜1545)は『未知数』を著し、根号$\sqrt{}$と10進小数を使用した最初の印刷本を出版した。ミヒャエル・シュティーフェル(1487〜1567)は、16世紀のドイツ代数学を代表する『算術全書』を著し、負数、べき根、べき乗や、2次方程式の係数として負数を扱った。『天球の回転について』を著し、地動説で有名なポーランドのニコラウス・コペルニクス(1473〜1543)は、天文学者であると同時に三角法学者で、数学においても多くの貢献をしている。

また、数学者ではないが、ルネサンスを代表する万能の科学者レオナルド・ダ・ヴィンチは、「権威に頼る人は知性または精神の力を捨てて、むしろ記憶の力に頼っている」、「経験は誤ることなく、実験は偽ることがない。ただ我々の判断が誤ることがあるだけだ」、「数学的科学によって証明されないところに確実性はない」と述べ、中世の思想を鋭く批判している。

代数学は、当時の数学の中心的分野で、特に、3次方程式の一般的な解法を示すことは大きな課題だった。ボローニャ大学の数学

教授のシピオーネ・デル・フェッロ(1465〜1526)が、1525年頃に$x^3+px=q$(p,qは正の数)形式の3次方程式の一般解法を発見していたが、公表しなかったとされている。3次方程式の解法をめぐるドラマがルネサンスのヨーロッパで起こるが、その頃、代数学の中心は、ドイツからイタリアへと移る。医者・占星術師・数学者のジェロラモ・カルダーノ(1501〜1576)は、1545年に『大いなる術(アルス・マグナ)』を著し、3次および4次方程式の解法を述べたが、カルダーノはその最初の発見者ではなかった。3次方程式の一般解法はヴェネツィアの数学者ニコロ・フォンタナ・"タルタリア"(1500頃〜1557)によって、フェッロより少し後に、しかし独立に3次方程式の解法を発見し、カルダーノと世間には公表しないという約束を交した上で教えていた。彼は、工学者、測量士でもあった、ヴェネツィア共和国の簿記係でもあり、アルキメデスやユークリッドの初めてのイタリア語訳を含む多くの著書を著している。また、タルタリアは、史上初めて数学による大砲の弾道計算を行い、弾道学の祖とされている。彼の研究は、後にガリレオ・ガリレイによる落体の実験により検証されたのである。カルダーノは著書の中で、3次方程式についてはタルタリアから学んだと明言し、4次方程式の解法の最初の発見者は、弟子のロドヴィーコ・フェッラーリ(1522〜1565)であると述べている。

ボローニャ生まれの数学者ラファエル・ボンベリ(1526〜1572)は、代数学の論文を書き、虚数を中心に研究した。1569年、ボンベリはフェッロとタルタリアの方法を用いて方程式を解いて虚数$+i$と$-i$を導入し、代数学における重要な役割を示した。

ルネサンス末期最大の数学者フランソワ・ヴィエート(1540〜1603)は、フランスのフォントネ・ル・コントに生まれ、法律家・政治家が本業で、数学は余技であった。『解析術序説』を1591年

に著し、未知量だけでなく既知量に対しても文字を使用し記号も用い、3次方程式の新解法について述べている。また、方程式 $ax^2+bx+c=0$ において a, b, c を「係数」と初めて呼んだ。ヴィエートを最後に、14〜16世紀のルネサンス時代における数学の歴史は、幕を閉じた。

振り返ると、人類の数学の歴史において紀元前2000年頃古代バビロニア人は2次方程式の一般解法を知っていたが、約3500年間も一般の3次方程式を解けず、代数学における重要な課題だった。ルネサンス末期、ついにイタリアの数学者たちが解決し、3次のみならず4次方程式の解法まで発見した。3次および4次方程式の解法の発見が、代数学におけるルネサンス数学の最大の貢献であるとされている。

代数学については、フェッロが、3次方程式の解法を示してから約300年後、19歳のノルウェー出身のニールス・ヘンリク・アーベル(1802〜1829)が5次以上の方程式の代数的な解(係数を用いた四則演算と根号による解の公式)の公式が存在しないという結果をもたらすこととなる。そして、ガロア理論という抽象代数学の専門領域を生んだ。また、3次方程式の解法による大きな成果は、虚数すなわち複素数の発見で、ガウスやコーシーによる複素数と解析学の世界へと続いていったのである。

1.2.3　デカルトがもたらした「科学革命」の本質としての「数学革命」

第1.1.2項で述べた人類の歴史における3つの革命論の視点の中で、マクロレンジの5段階革命論、すなわち、「人類革命」「農業革命」「都市革命」「精神革命」「科学革命」に話を戻す。現代という科学の時代は、いつ始まったのか？ それは、17世紀のヨーロッパである。そこには2人の人物、すなわち、ガリレオ・ガリ

レイとルネ・デカルトがいた。

　前述の如く、14世紀にイタリアで起こったルネサンスは、人間中心的な立場からギリシア・ローマの古典や美術様式を尊重する市民運動という形で始まり、オランダ、ドイツ、フランス、イギリスへと拡がっていった。そして、大航海時代という新航路の開拓と新大陸発見は、商業圏を地球規模に拡大すると共に、大航海を安定的に行うための科学技術の進歩を要請するものとなった。この大航海時代に精密な天文学の発展は、時代の要請だった。

　この時代の要請に応えたのが、イタリアの天文学者・物理学者のガリレオ・ガリレイ（1564〜1642）だった。1581年ガリレオは、ピサ大学に医学生として入学するが、1585年に退学。1582年頃からトスカーナ宮廷付きの数学者オスティリオ・リッチ（1540〜1603）からユークリッドやアルキメデスを学び、1586年にはアルキメデスの著作に基づいて天秤を改良。1589年にピサ大学教授、1592年パドヴァ大学教授に就任し、1610年まで幾何学、数学、天文学を教えた。この時期、彼は多くの天文学・物理学上の画期的発見をした。1609年オランダの望遠鏡の技術を調査し、天体望遠鏡を自作、世界初の望遠鏡による天体観測を行い、月を観測し、月が地球のような天体であることを発見。1610年に木星の衛星を発見、1613年『太陽黒点論』を刊行。1615年地動説をめぐりドミニコ会修道士ロリーニと論争。1616年第1回異端審問所審査で、天動説を教義とするローマ教皇庁から、以後、地動説を唱えないよう注意を受けるが、1632年『二大世界体系についての対話（日本名『天文対話』のこと）』をフィレンツェで刊行したため、1633年に第2回異端審問所審査で、ローマ教皇庁検邪聖省から有罪の判決を受け、終身刑を言い渡される（直後にトスカーナ大公国ローマ大使館での軟禁に減刑）。こうして、「科学革命」は、古

いカトリック教会の反科学的な教義と闘いながら、進展していったのだった。

これから論じるデカルトが活躍する時代は、ヨーロッパ各国が凌ぎを削って、世界での植民地獲得競争を行った時代である。例えば、大航海時代の覇者となるイギリスは東インド会社を設立し、1601年3月、4隻の船団を東南アジアへと派遣するために、最初の航海へと出発したのだった。そんな「科学革命」という時代の要請の中で、登場したのが、「科学革命」の元祖ガリレオと共に、「数学」による「科学革命」を起こす上で、重要な役割を果たしたデカルトであった。

フランス生まれのルネ・デカルト(1596〜1650)は、哲学者・数学者だが、人類の歴史における最も偉大な数学者の1人であり、「数学」による「科学革命」を起こした人物である。デカルトは、関数における変量(変数)の概念をもたらすことで、数学に革命をもたらした。変量から微分・積分学が生まれたが、デカルトによる「数学」が「科学革命」の最強のツールをもたらしたのだった。

デカルトの象徴的な業績は、1637年に「我思う、ゆえに我あり」で有名な『方法序説』を出版したことである。この序説の後に大部の科学論考が3つ付いており、全体で500ページを超える大作である。最初の78ページが哲学に関するもので、その後の科学論考は試論と呼ばれ、『光学』『気象学』『幾何学』から成っている。この中で、数学の革命を起こしたのが『幾何学』の部だ。これは、座標を使って幾何学の問題を代数的に解く「解析幾何学」を創始したとされる。そして、同時に、記号代数学を完成させたとされる。前述のルネサンス最後の代数学者であるヴィエートによる係数のアイデアを活かして、既知の定数を a, b, c, d などアルファベットの初めの方の文字で、未知数を x, y, z など後ろの文字で表し

たのだった。今日私たちが中学・高校で習う数学の方程式、一次関数、二次関数などは、デカルトによって定式化されたものである。実に380年以上前に現代人に体系的な考え方ができるように準備しておいてくれた恩人であると言える。

さらに、デカルトは、古代ギリシア以来の「次元の束縛」を取り払った。このことには大きな意義がある。長さを2つ掛けると面積になり、3つ掛けると体積になるが、面積と長さを加えたり、面積と体積を加えることは、無意味だとされていた。この次元合わせのために次元の低い方に定数を掛ける必要があり、長さを4つ以上掛ける意味もなかった。このギリシア以来の常識を破ったデカルトは、曲線を表す何次の式でも、局所的には直線上の線分の長さとして表されるとした。これによって、後で述べる「次元」という古代ギリシア時代以来の束縛から解き放ち、現代にも通じる新たな「近代数学体系」を確立したのだった[8]。

デカルトによって可能になった表現法を使うと、古代ギリシアでは、$x^2+c = ax+b^2$ のように次元を揃えなければいけなかったものが、今度は、$x^3+ax = bx^2+c$ のように表現することも可能となった。なお、ax, x^2, b^2 などの表記法もデカルトによって創出された。等号だけは＝ではなく、現在の比例関係を表す記号の左右逆転記号を特別の記号を使っていた。こうして、「記号代数学」は、デカルトによって完成したと言える。

デカルトのさらなる業績をあげるとすると、それは、「変量」(変数)概念の導入がある。デカルトの考案した、数式表現法によれば、どんな曲線も式で表すことができる。いくつもの曲線を取り上げて分析をしているが、例えば、楕円を表す x と y の二次式から $y = \sqrt{}$ 記号を含んだ式に変形し、x が決まれば y が決まることを示した。x が様々な値をとると、それに対応して当式を満た

[8] 中村滋『数学史の小窓』日本評論社、2015年。

すような y の値が決まる。これがデカルトによる「変量」(変数)概念の導入である。

デカルトによる「数学革命」は、やがて「科学革命」を引き起こすこととなるが、デカルトの考え方を広めることに貢献したのが、デカルトの弟子でオランダ人のフランシスカ・スホーテン(1615〜1660)である。スホーテンは、デカルトがフランス語で書いた原書を当時学問の共通語であるラテン語に翻訳すると共に、注釈や解説をつけて1649年にラテン語訳第1版を出版、さらに解説などを加えて、翻訳の第2版を1659年と61年に2巻本として出版した。第2巻の巻頭には、スホーテン自身によるライデン大学での講義録『普遍数学の諸原理──ルネ・デカルト幾何学の方法への序説』が含まれており、本書からニュートンとライプニッツは『幾何学』だけではなく、デカルトの記号法や考え方を理解したとされている。こうしてデカルトによる「数学革命」の成果は、ニュートンとライプニッツらによって継承され、やがてこの2人による微分積分学の確立と力学の確立による「科学革命」へと発展することになる。

デカルト時代の数学には、他にも2つの大きな発展があった。その1つが、古典的確率論である。確率論は、ルネサンス時代の16世紀に賭博師でもあったイタリアのジェロラモ・カルダーノが、1560年代に『さいころあそびについて』を執筆(出版は死後の1663年)して初めて系統的に確率論を論じたことに始まる。そして、フランスのブレーズ・パスカル(1623〜1662)が、パスカルの三角形で二項係数の考え方を発案した(図1-14)。フランスの弁護士で数学を余暇に研究したとされるピエール・ド・フェルマー(1608頃〜1665)は、パスカルと共同で確率論の基礎を作り、デカルトと文通を交わしながらデカルトとは独立に解析幾何学を創案

```
        1
      1   1
    1   2   1
   1  3   3  1
  1  4   6   4  1
 1  5  10  10  5  1
```

まず最上段に1を配置する。それより下の行はその位置の右上の数と左上の数の和を配置する。例えば、5段目の左から2番目には、左上の1と右上の3の合計である4が入る。このようにして数を並べると、上からn段目、左からk番目の数は、二項係数${}_{n-1}C_{k-1}$に等しい。

図1-14 パスカルの三角形

した。オランダのクリスティアーン・ホイヘンス（1629～1695）は、期待値計算を考案し、数多くの偶然ゲームに関する問題を『サイコロ遊びにおける計算について』（1657年）の中で解いた。彼はこの本の原稿をオランダ語で書いたが、編集者である恩師のスホーテンが「チャンスの値」をラテン語訳し「期待値（expectatio）」と呼んだのだった[9]。

デカルト時代のもう1つの数学の発展は、数論の創始である。これは、フェルマーによるものである。フェルマーは、古代ギリシアの数学者ディオファントスが著した『算術』の注釈本について1630年ごろから熟読していくうちに、その余白に有名な48の注釈を書き込んだとされる。この仕事が世に知られたのは、死後に長男のサミュエルが『算術』を父の書込み付きで再出版したことに始まる。その後、数論は、数学の一分野として確立し、多く

[9] 安藤洋美『古典確率論の歴史の諸問題』数理解析研究所講究録1019巻、1997年、pp. 40-60。

の「数」に対する人類の知見をもたらすきっかけとなった。特に47の命題は後世の数学者達によって証明または反証が与えられたが、最後の1つとして残った2番目の書き込みについては長年にわたって解かれなかった。この最後に残されたという意味でのフェルマーの最終定理は、有名な命題「3以上の自然数 n について、$x^n + y^n = z^n$ となる0でない自然数 (x, y, z) の組み合わせが存在しない」である。その後、360年にわたって数学の原動力の1つとなり、最終的に1995年、アンドリュー・ワイルズ(1953～)がリチャード・テイラー(1962～)の協力を得て、谷山-志村予想の一部を証明したことによってようやく解決された。

さて、話をデカルトに戻すと、デカルトは以上のように、記号代数学や変量の導入などで、「数学」に「革命」もたらした。そして、この「数学革命」の最大の意義は、「数学」という高尚で純粋な人類の知的活動が、やがて世界経済を動かす「科学革命」の序章となったことである。デカルトによって運動が数学的に表現できるようになり、そのおかげで微分法や積分法が次世代のニュートンとライプニッツによって完成されることになる。「数学革命」が「物理学」を体系化することで「科学革命」をもたらし、その後の「産業革命」へと続く道筋をつけたのだった。

1.3 「科学革命」をもたらした「数学」

1.3.1　デカルトから学んだ数学者たち

前述のデカルトの業績を学んだ次の世代の数学者たちは、特にデカルトによる記号代数学を理解し使いこなし始めたのだった。特に、ニュートンとライプニッツは、スホーテンによる『幾何学』

ラテン語訳(第2版、1659年と61年)とその解説論文を読んで最新の数学をマスターした。ライプニッツは、x と y の対応関係に注目し、関数概念を functio(ラテン語)で表現した。現代数学にも生き続けるこの便利な記号法は、新世代によってさらに発展したのだった。

ところで、物理学など様々な自然現象の解明に威力を発揮する微分積分概念は、ドイツのヨハネス・ケプラー(1571〜1630)、カヴァリエリの原理(面積や体積に関する一般的な法則の1つで、不可分の方法。例えば「切り口の面積が常に等しい2つの立体の体積は等しい」)で有名なイタリアのフランチェスコ・ボナヴェントゥーラ・カヴァリエーリ(1598〜1647)、ガリレオの弟子のイタリアのエヴァンジェリスタ・トリチェリ(1608〜1647)、ニュートンの師匠でケンブリッジ大学初代ルーカス教授(数学分野の教授)のイギリスのアイザック・バロー(1630〜1677)、フェルマー、パスカルなどによって研究された。17世紀初頭から始まった微分積分学研究は、デカルト数学をマスターしたニュートンとライプニッツによって、ついに1つの学問体系が完成することとなった。「微分積分学」の本質である「無限小解析」は、ギリシア数学の幾何学的な厳密さを追求する「無限小幾何学的アプローチ」では上手くいかず、「無限小代数的アプローチ」によって完成したと言える。

1.3.2 「科学革命」を担ったニュートンとライプニッツ

アイザック・ニュートン(1643〜1727)の主な業績として微分積分法の発見とニュートン力学の確立である。具体的には、積の微分法則:$(fg)' = f'g + fg'$、連鎖律:f, g を微分可能な関数とするとき、合成関数 $f \circ g$ の導関数に対して成り立つ関係式、すなわち、

$(f \circ g)'(x) = (f(g(x)))' = f'(g(x))g'(x)$、高階微分($f', f'', f''',$ …)記法、テイラー級数(関数のある一点での導関数たちの値から計算される項の無限和として関数を表したもの)、解析関数(局所的に収束冪級数で与えられる関数)といった概念を独特の記法で導入し、それらを物理学の問題を解くのに使った。ニュートンは、これらの微分積分学の手法を用いて、天体の軌道、回転流体の表面、地球の偏平率、サイクロイド曲線上をすべる錘(オモリ)の動きなどの問題について『自然哲学の数学的諸原理』(ニュートン力学体系の解説書。1687年)で論じている。

ドイツのゴットフリート・ライプニッツ(1646〜1716)は、今日も使われている微分積分学の記法を開発した。こうして、現代に通じる微分積分学は、17世紀のヨーロッパで、アイザック・ニュートンとゴットフリート・ライプニッツがそれぞれ独立に確立したものである。その成果とは、第1に、微分と積分が互いに逆演算であること、第2に各々をアルゴリズムとして確立したこと、第3に微積分に適切な記号を用いたことの3点である。

ニュートンとライプニッツによる微分積分学の確立以後、数学と物理学は同時に急速な発展を遂げることとなった。最初に顕著な活躍をしたのが、スイスのヤコブ・ベルヌーイ(1654〜1705)である。ヤコブ・ベルヌーイは、1676年にイギリスを訪れ、気体の体積と圧力の関係式のボイルの法則(一定の温度での気体の体積が圧力に逆比例する)で有名なアイルランドのロバート・ボイル(1627〜1691)と弾性のフックの法則(ばねの伸びと弾性限度以下の荷重は正比例するという近似法則)で有名なロバート・フック(1635〜1703)に会い、科学者・数学者としての道を歩むことを決断したとされる。1682年からバーゼル大学で教え、1687年には同大学の数学の教授に就任。ライプニッツから微積分を学び、弟

のヨハン・ベルヌーイ(1667〜1748)と共同研究を行った。彼は、等時曲線(または等時降下曲線、物体が一様重力場の下でその曲線に沿って摩擦なく滑り降りるとき、最下点に達するまでの時間が出発点に依存しなくなるような曲線)問題を、最速降下曲線問題として解析学を用いて解き、初めて積分の用語が用いられた論

唯一の頂点を持ち、頂点における法線を軸として線対称であると仮定する。曲線は一様な質量の線密度を持ち、それに伴って曲線自身の自重が各点の張力を決定するものとし、微分方程式をつくり、その解曲線としてカテナリーの数学モデルを定式化する。

カテナリー上で頂点(x座標を0とする)からの弧長がs_0であるような点(x_0, y_0)において、その接線がx軸の正の向きと成す角をθ_0と置くとき、頂点から点(x_0, y_0)までの弧に掛かる力の釣り合いを考える。重力加速度をg、曲線の線密度をwとすれば、点(x_0, y_0)における張力T_0の鉛直成分$T_0 \sin \theta_0$は、頂点から点(x_0, y_0)までの弧にかかる重力wgs_0と釣り合う。また、頂点における張力は水平成分のみであり、この大きさをkとすると、点(x_0, y_0)における張力の水平成分$T_0 \cos \theta_0$と釣り合う。

$$\begin{cases} T_0 \sin \theta_0 = wgs_0 \\ T_0 \cos \theta_0 = k \\ \tan \theta_0 = \dfrac{dy}{dx}\bigg|_{x=x_0} \\ s_0 = \displaystyle\int_0^{x_0} ds \quad (ds = \sqrt{dx^2 + dy^2}) \end{cases}$$

という条件が得られる。ここで$k/wg = a$とおき、頂点の座標を$(0, a)$として上記を解くと、以下となる。

$$y = s \cos h\left(\frac{x}{a}\right) = a\left(\frac{e^{x/a} + e^{-x/a}}{2}\right)$$

図1-15 ヨハン・ベルヌーイとライプニッツによる懸垂線の式

文を 1690 年に発表した。翌 1691 年には、懸垂線(ロープや電線などの両端を持って垂らしたときにできる曲線、カテナリー)を表す式が、ヨハン・ベルヌーイとライプニッツによって解明された。

1.4 オイラーによる「近代数学」の創始と「産業革命」の幕開け

デカルトの「数学革命」の継承者とも言えるニュートンとライプニッツによる微積分学の確立は、数学による「科学革命」の確立を意味している。特にニュートン自身が、数学以上に「力学」を中心とする物理学に関心が高かったことが「科学革命」を加速する結果となったと言える。次に登場したオイラーによって、数学はさらなる飛躍的な発展を遂げるが、この時期に人類は「産業革命」の時代へと入っていく。

1.4.1　産業革命の時代

第 1.1.2 項で述べた人類の歴史における 3 つの革命論の視点の中で、ミッドレンジ革命論としての 3 段階革命論、すなわち、「農業革命」「産業(工業)革命」「情報革命」に話を戻す。「産業革命」とは、18 世紀後半～19 世紀前半にかけてイギリスから始まり欧米そして世界へと波及した、技術革新に伴う新産業創出、特に手工業から工場生産への変革、それによる経済・社会構造の変革をさす。イギリスにおける産業革命は、1733 年の J. ケイの飛杼の発明、1764 年の J. ハーグリーブズのジェニー紡績機、1769 年の R. アークライトの水力紡績機、1779 年の S. クロンプトンのミュール紡績機、1787 年の E. カートライトの力織機等の発明による、

インド産の綿花を素材とする紡績業の振興から始まった。次に、1769 年の J. ワットの蒸気機関、1709 年の A. ダービー（父）による石炭のコークス燃料製鉄法の発明と 1735 年の A. ダービー（子）による同製鉄業の事業化など、紡績業、製鉄業、鉄道業などの産業が次々に起こり、大英帝国は世界を支配する大国へと発展した。イギリスの産業革命は表面上は軽工業中心であったが、19 世紀中期以降、ドイツを中心に、重化学工業や電力、運輸、内燃機関などにも技術革新が続出し、それに伴って後発国の産業革命は必ずしも軽工業主導の古典的なイギリス型をとらなくなる。その形態は種々あるとしても、通常フランスでは 1830〜60 年頃、アメリカでは 1840〜70 年頃、ドイツでは 1848〜70 年頃、ロシアや日本では 1890 年以降に産業革命が起きたとされている。なお場合によっては軽工業中心（1760〜1830 年）の産業革命を第 1 次産業革命、19 世紀の第 4 四半期頃から欧米で起きた重化学工業面での大変革を第 2 次産業革命、そして第 2 次世界大戦頃から起りはじめた半導体・通信機・コンピュータによる産業革命を第 3 次産業革命と呼ぶ。オイラーが活躍したのは、正にこの産業革命が勃興した時代で、数学が「数学」に留まらず「数理科学」として、科学技術力による産業革命を推進した時代であった。

1.4.2　オイラーによる近代数学の創始

そんな時代に、スイスのバーゼルに生まれたレオンハルト・オイラー（1707〜1783）は、18 世紀に「近代数学」の創始者として登場した。そして、19 世紀に始まる厳密化・抽象化時代の基礎を築いた。オイラーは人類史上最も多くの論文を書いた数学者とされ、論文は 5 万ページを超える全集にまとめられている。また、1748 年に出版された『無限解析入門』は、変数、関数の定義から始め

て、三角関数や指数関数を含む多くの関数を導入し、有名なオイラーの公式や、偶数の自然数に対するゼータ関数の値などを紹介した名著である。関数記号なども含めて、デカルトによる「数学革命」はここに完成し、産業革命の時代を先導する数理科学が確立したと言える。

膨大なオイラーの業績の中で最初に強調しておきたいのが、「関数概念」の導入である。ライプニッツによって定義された関数を、1748年に初めて$y = f(x)$の形式に表したのがオイラーである。物理学や工学など様々な応用科学にとって使いやすいものとなった。

産業的視点から、オイラーの業績で次に強調しておきたいのが、数理物理学におけるものである。オイラーは、ニュートン力学の「幾何学的表現」を「解析学的表現」へと転換した。解析的な形で運動方程式を与えることで、1736年に初めて「力」を定義した。この定式化に基づいて、振動弦の問題、地球の章動(惑星の自転軸に見られる微小な運動)、3体問題を解明した。1755年に、連続方程式(流体力学における質量保存則)と運動方程式(粘性を持たない完全流体に対する運動方程式)を導いて、流体力学におけるオイラーの基礎方程式を体系化した。1760年に、剛体の回転運動を表すオイラーの運動方程式を確立し、トルクN(固定された回転軸を中心にはたらく、回転軸のまわりの力のモーメント)と角運動量L(運動量のモーメント)との関係($N = dL/dt$)を明らかにした。

オイラーは、ニュートンとライプニッツによって発展した微積分学を進化させ、極限や収束といった概念を扱う数学の分野として解析学(無限小解析)を確立した。級数、連分数・母関数の方法、補間法と近似計算、特殊関数、微分方程式・多重積分・偏微分法

などに関する古典解析学における全ての領域で、基礎から応用までの広範な業績を残している。オイラーの名前は、指数関数と三角関数の関係を与えるオイラーの公式、オイラー–マクローリンの和公式、オイラーの微分方程式、オイラーの定数などとして現在も多用されている。

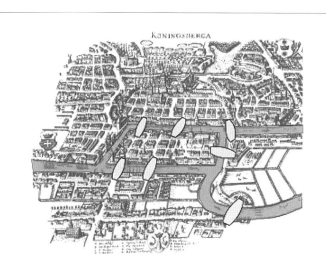

18世紀初頭、東プロイセン首都のケーニヒスベルク(現ロシア連邦カリーニングラード)の中央には、プレーゲル川という大きな川が流れており、7つの橋が架けられていた。「このプレーゲル川に架かっている7つの橋を2度通らずに、全て渡って、もとの所に帰ってくることができるか。ただし、どこから出発してもよい」ということは可能か? という問題が「ケーニヒスベルクの橋の問題」である。答えは「不可能」。

図1-16 ケーニヒスベルクの橋の問題

オイラーの幾何学における業績では、私の立場から見て、最も顕著な業績は、「ケーニヒスベルクの橋の問題」である。これは、一筆書きが可能になるための必要十分条件を求めた問題で、グラフ理論の起源となった。一筆書き可能なグラフはオイラーグラフと呼ばれるが、グラフ理論によって、インターネットのルーティング（経路制御）アルゴリズムが構成されているのである。また、「穴の開いていない（球面に位相同型な）多面体については、頂点、辺、面の数について（頂点の数）－（辺の数）＋（面の数）＝2が成立する」というオイラーの多面体定理は、位相幾何学の創始に値するとされている。

　前に述べたが、デカルト時代に活躍し、数論の創始者とされるピエール・ド・フェルマー以降、進展がなかったとされる整数論において、フランスのジョゼフ＝ルイ・ラグランジュの登場まで、主な同分野における業績は、オイラーによるものだとされている。二次形式（$ax^2+bxy+cy^2$型の形式）、原始根（nを法とする既約剰余類全体が乗法に関して成す群が巡回群であるときの生成元）、フェルマーの小定理（素数の性質についての定理で、インターネット上の暗号として有用なRSA暗号に応用されている）の拡張などに関する業績を残した。また、素数分布の研究を始めとした解析的整数論における重要な研究対象で、数論や力学系の研究を初め数学や物理学の様々な分野で用いられているゼータ関数を初めて扱い、解析的整数論の重要な主題となる多くの有用な計算結果を得た。1735年に、

$$\zeta(2) = \frac{\pi^2}{6}$$

を求め、さらに

$$\zeta(4) = \frac{\pi^4}{90}, \quad \zeta(6) = \frac{\pi^6}{945}, \quad \zeta(8) = \frac{\pi^8}{9450},$$

$$\zeta(10) = \frac{\pi^{10}}{93555}, \quad \zeta(12) = \frac{691\,\pi^{12}}{638512875}$$

を求めた。1737年に、ゼータ関数と素数の関係を表すオイラー積の公式を発見し、素数の逆数の和が発散するという結論を導いた。

1.4.3　「産業革命」と「フランス革命」時代のナポレオンと数学と科学

「産業革命」における発明にイギリスやドイツと比べてフランス人の名前はほとんど出てこないが、産業革命の頃、フランスは「フランス革命」へと突き進んだ時代であった。この時代に科学技術政策で大きな役割を果たしたのがナポレオンだった。ナポレオン・ボナパルト（1769〜1821）は、フランス革命期の軍人・政治家で、ナポレオン1世（在位：1804〜1814年、1815年）としてフランス帝国の皇帝に即位した。フランス革命後の混乱を収拾して軍事独裁政権を樹立し、ナポレオン戦争を引き起こし、一時はイギリス、ロシア、オスマン帝国の領土を除いたヨーロッパ大陸の大半を勢力下に置いた。

ヨーロッパ各国が、フランス革命の影響を受けることを回避したために、孤立化を深めたフランス革命政府は、独自の科学技術政策を推進した。その1つが、エコール・ポリテクニークの創設であった。同校は、1794年のフランス革命中に、数学者ラザール・カルノー（1753〜1823）とガスパール・モンジュ（1746〜1818）によって創設され、1804年にナポレオン・ボナパルトによって軍学校とされ、現在も国防省の配下にある。また、ナポレオンは、全国の国立大学に理学部を設置し、19世紀になってかつての神学者や法学者のように、数学者と科学者が大学教授として重要視さ

れるようになった。この傾向は、フランスからドイツやイギリスにも広がっていった。また、「産業革命」の影響で、数学の応用分野の広がりにも変化が見られることとなった。従来の数学の応用分野は、天文学と力学に限定されていたが、この時期のフランスの数学者たちの特徴が産業界に活かされる場面を迎えたのだった。

ピエール=シモン・ラプラス（1749〜1827）、カルノー、ジャン・バティスト・ジョゼフ・フーリエ（1768〜1830）は、固体内での熱伝導に関する研究から熱伝導方程式（フーリエの方程式）を導くなど、数学者による熱に関する理論的研究が盛んに行われた。また、1798年にエコール・ポリテクニークに入学し、オイラーと並んで18世紀最大の数学者といわれているジョゼフ=ルイ・ラグランジュ（1736〜1813）、ラプラスらに代数学などを学んだシメオン・ドニ・ポアソン（1781〜1840）がいた。ポアソンは、1802年にフーリエの後任としてエコール・ポリテクニーク教授に就任し、1806年まで在籍した。このポアソンと、リヨン大学からエコール・ポリテクニークで教授を務め、アンペールの法則（電流とそのまわりにできる磁場との関係をあらわす法則）を発見したアンドレ=マリ・アンペール（1775〜1836）は、電磁気学を数学的に記述することを行った。この研究成果が、イギリスのジェームズ・クラーク・マクスウェル（1831〜1879）に継承されて、1864年のマクスウェルの方程式として古典電磁気学の確立に貢献する道筋をつけることとなった。また、16歳でエコール・ポリテクニークに入学したオーギュスタン・ジャン・フレネル（1788〜1827）は、光の波動説を唱え、光の回折や複屈折現象など光学に関する数学的な理論研究を行った。

このようにナポレオンは、数理科学的な科学技術政策を重要視したため、多くの数学者たちと交流を深めていた。具体的には、

エコール・ポリテクニークを拠点にした数学者人脈で、ラグランジュ、モンジェ、ラプラス、フーリエなどだが、ナポレオン時代に今日の数学大国フランスの基盤が出来上がったと言える。特に、エコール・ポリテクニークは大きな役割を果たし、卒業生が母校で教えるというエコシステムが完成していた。ドイツは、これを真似て1810年にベルリン大学を創設する。また、イギリスでは、ライプニッツ流ではなくニュートン流の解析学（ドット記号）にこだわり、しばらく停滞することとなった。ケンブリッジ大学の若手研究者が、エコール・ポリテクニークの解析学テキストを1816年に翻訳し、ようやくキャッチアップ体制が整ったのだった。このように、フランス革命は、数学を中心とする科学に大きな影響を与えたと言える。「科学者」という言葉が定着し、専門職業として成立したのは、このフランスを起源とする19世紀のことであった。

1.4.4　19世紀数学から20世紀数学へ

19世紀は、「産業革命」と「フランス革命」とが同時進行したことが時代背景として重要であったと考えられる。「産業革命」の発祥の地となったイギリスとドイツでは、経験的に蒸気機関や製鉄技術などを用いた産業が次々に起こり、フランスでは、封建制度が政治革命によって崩壊し、新しい考え方が求められた。このヨーロッパに起こったニーズとシーズの相互作用が、特にフランスではシーズとしての数学と科学が急速に発展した背景であると考えられる。具体的には、「数論」「代数」「解析」の分野の中で、19世紀数学に著しい発展が見られたは、微分積分学が進化し、実変数関数論と複素変数関数論を中心とする「解析学の革命」が、「科学革命」をさらに推し進めたと言える。

フーリエは熱伝導の理論にも深い研究を行ったが、任意関数の三角関数によるフーリエ級数の発見は、他の応用科学にとっても大きな成果であった。しかし、数学的厳密さを欠いていたが故に、さらなる解析学の進歩をもたらしたとも言える。その他、19世紀には、ドイツのゲオルク・フリードリヒ・ベルンハルト・リーマン（1826〜1866）、カール・テオドル・ヴィルヘルム・ワイエルシュトラス（1815〜1897）、フランスのオーギュスタン=ルイ・コーシー（1789〜1857）らによる複素関数論の創始、ノルウェーのニールス・ヘンリック・アーベル（1802〜1829）、ドイツのカール・グスタフ・ヤコブ・ヤコビ（1804〜1851）らによる楕円関数論の登場、ヨハン・カール・フリードリヒ・ガウス（1777〜1855）による数論の発展、リーマン、ロシアのニコライ・イワノビッチ・ロバチェフスキー（1792〜1856）らによる非ユークリッド幾何学の創始、アーベル、フランスのエヴァリスト・ガロア（1811〜1832）らによる方程式論、ドイツのゲオルク・フェルディナント・ルートヴィッヒ・フィリップ・カントール（1845〜1918）の集合論など、20世紀数学へ向けての大きな発展があったと言える。そこには、20世紀へ向けての、より純粋数学と応用数学の分化が進む準備が整ったともいえる。

1.5 20世紀における数学の発展

　19世紀数学が、特にフランスで発展した背景には、イギリスとドイツにおける急速な「産業革命」が進行し、これを支える物理学・化学・数学の教育・研究の時代からの要請が高まったことにある。そこへ、他のヨーロッパ諸国と異なり、急激な社会変化を

問題	状況	問題	状況
第1	部分的解決	第13	部分的解決
第2	部分的解決	第14	否定的解決
第3	否定的解決	第15	部分的解決
第4	部分的解決	第16	未解決
第5	部分的解決	第17	解決
第6	部分的解決	第18	解決
第7	解決	第19	解決
第8	未解決	第20	解決
第9	部分的解決	第21	否定的解決
第10	否定的解決	第22	部分的解決
第11	部分的解決	第23	未解決
第12	未解決		

図1-17 ヒルベルトの23問題と解決状況

起こした「フランス革命」からエコール・ポリテックニークが創立され、ここを拠点に活躍した数学者たちが「数学大国フランス」の存在を確固たるものとしたのだった。時は流れ、20世紀は世界と数学界にとってどういう時代だったのだろうか？ これを論じるのに最適なテーマが、以下に示す『ヒルベルトの23の数学の問題』である。

ヒルベルト問題23の解決状況を図1-17に示す。解決が第7, 17, 18, 19, 20の合計5で、否定的解決が第3, 10, 14, 21の合計4で、部分的解決が、第1, 2, 4, 5, 6, 9, 11, 13, 15, 22の合計10で、未解決は、第8, 12, 16, 23の合計4で21世紀へ持ち越されることとなった。部分的解決と未解決を合わせると14になり、ヒルベルト問題だけでも21世紀の数学者のやるべきことは多く残されていると言える。

1.5.1　ヒルベルトの23の数学の問題

「現代数学の父」と呼ばれるドイツのダフィット・ヒルベルト(1862〜1943)は、当時プロイセン王国領だったケーニヒスベルク(現ロシア連邦カリーニングラード)で生まれ、ケーニヒスベルク大学に進学し、ハインリッヒ・ウェーバー(1842〜1913)、フェルディナント・フォン・リンデマン(1852〜1939)に師事した。1895年、ゲッティンゲン大学教授に就任。19世紀末から20世紀初頭にかけての指導的な数学者となった。弟子の育成にも努め、位相幾何学のマックス・ヴィルヘルム・デーン(1878〜1952)、数論のエーリヒ・ヘッケ(1887〜1947)、数論・リー群論・数理物理学などのヘルマン・ワイル(1885〜1955)、計算理論のヴィルヘルム・アッカーマン(1896〜1962)、スイスのパウル・ベルナイス(1888〜1977)など著名な数学者を育てた。また、当時22歳であったハンガリー人のヨハネス・ルートヴィヒ・フォン・ノイマン(ジョン・フォン・ノイマン)をゲッティンゲン大学に招き、高木貞治はドイツ留学時代にヒルベルトの弟子となっている。

この20世紀最大の数学者と言われるヒルベルトが、1900年にパリで開かれた第2回国際数学者会議で、以下に示すような、20世紀に解決されるべき数学上の23の問題を提起した。20世紀数学は、ヒルベルトの23の問題を解決する中で発展してきたと言える。

【問題1】 ドイツのゲオルク・カントール(1845〜1918)によって提起された**連続体仮説**(可算濃度と連続体[実数全体の成す集合]の濃度[集合の「元の個数」という概念を拡張したもので、有限集合については、濃度は「元の個数」の同意語に過ぎなく、一般に集合の濃度は基数と呼ばれる数によって表される]の間には他の濃度が存在しないとする仮説)で、「実数の部

分集合には(高々)可付番集合と連続濃度集合の二種類しか存在しない。」という問題である。

これに関しては、1938年にオーストリア・ハンガリー帝国(現チェコ)のクルト・ゲーデル(1906〜1978)によってこの仮説が成り立つような集合論のモデルが構成される一方で、アメリカの1963年にポール・コーエン(1934〜2007、1966年フィールズ賞)によりこれが成り立たないようなモデルが構成された。両者を総合し、一般連続体仮説と選択公理(公理的集合論における公理の1つで、どれも空でないような集合を元とする集合[集合の集合]があったときに、それぞれの集合から1つずつ元を選び出して新しい集合を作ることができるというもの)がZF(ツェルメロ-フレンケルの)公理系とは独立であることが示された。

現代数学では、「連続体仮説」は、証明も反証もできない命題であることが、証明されていると言える。

【問題2】 算術の公理と無矛盾性に関する問題で、「算術の公理が矛盾を導かないことを証明せよ」というものである。ヒルベルト自身は、ここでいう「算術の公理」として実数を扱えるようなものを考えていたが、「算術」(arithmetik)という言葉のせいでしばしば自然数を扱える程度の、と受け取られてしまっている。後者については、1936年にドイツのゲルハルト・ゲンツェン(1909〜1945)によって、有限の立場に少し修正を施した上での無矛盾性の証明が行われた。

【問題3】 等底・等高な四面体の等積性に関するもので、「等底・等高の四面体の等積性は、連続変形なしで証明できるか」という問題。底面積が等しく、高さが等しい三角錐(錐体)は体積が等しいことは、積分計算によって容易に示せるが、積分のような連続的操作によらず、これが証明できるかどうか? と言うのが設問である。即ち、底面積と高さの等しい2つの四面体 A, B があるとするとき、有限個の四面体の組 $X_1, \cdots, X_n$ で、それらをパズルのピースのようにうまく組み合わせると A にも B にも合同になるような組が常に存在するか? という事である。2次元の場合、三角形の場合はこれが可能である(ボヤイの定理)。

この問題はヒルベルトの弟子マックス・デーン(1878〜1952)によって、否定的に解決された。具体的には、任意の四面体に対して、同体積でありながら有限個に分割して組みなおすのでは移りあわないような四面体が存在するとした。この問題は、デーン不変量[10]と呼ばれる不変量を導入したことで、23問題中最初に解決された。

【問題4】 直線が最短距離を与える幾何学の組織的研究に関するもので、「公理がユークリッド幾何学[11]に近い幾何学を求めよ。ただし行列の定理は保持し、合同定理は弱まり、平行線定理は省略されるものとする。」という問題。

この問題は1901年にドイツのゲオルグ・ハメル(1877〜1954)によって解かれたが、制約の多い証明法だったため、1929年にヒルベルトの弟子のオーストリアのポール・フンク(1886〜1969)がこれを改善したものを発表した。また1943年にはヘルベルト・ビュースマン(1905〜1994)が改良し、問題を測地線幾何学(直線の概念を曲がった空間において一般化したもの)に一般化した。

【問題5】 位相群[12]がリー群[13]となるための条件に関するもので、「関数の微分可能性を仮定しないとき、リーによる連続変換群(リー群)の概念は成立するか」という問題。

当問題は、1930年にハンガリーのフォン・ノイマン(1903〜1957)による証明に始まり、ロシアのレフ・ポントリャーギン(1908〜1988)、フランスのクロード・シュヴァレー(1909〜1984)、ロシアのアナトリー・マルツェフ(1909〜1967)等により局所コンパクト群理論が発展した。その後1952年にアメリカのアンドリュー・グリースン(1921〜2008)、以降、アメリカのヒュー・モントゴメリ(1944〜)、ウクライナ／アメリカのレオ・ズィッピン(1905〜1995)、山辺英彦(1923〜1960)らによって解かれた。最終的には1957年にロシアのビクター・グラスコフ(1923〜1982)が完全な形で証明した。

【問題6】 物理学の諸公理の数学的扱いに関する「物理学は公理化できる

か」という問題。

　ヒルベルトは、「確率と力学」を「物理学者による理論立てを数学者によって検証すること」によって仮説を立証するという仕組みを構築しようとしていた。そのため、この第6問題は、数学的問題というよりむしろ物理学に重点がある。1933年の現代確率論の創始者とされるロシアのアンドレイ・コルモゴロフ(1903〜1987)や統計力学に研究者による貢献が大きいが、「証明」という数学的アプローチでは、達成されていない未解決問題である。

【問題7】　種々の数の無理性と超越性に関するもので、以下の問題である。
① 二等辺三角形の底角と頂角の比が代数的無理数(代数的数でありかつ無理数であるもの)である場合、底辺と側辺の長さの比は超越数か？
② 自明な例外を除き、代数的数 a、代数的無理数 b に対し、a^b は超越数[14]か？

　この問題は、1934年にアレクサンダー・ゲルフォント(1906〜1968)によって解かれた。

【問題8】　素数分布の問題、特にリーマン予想に関するもので、以下の予

---

[10] デーン不変量：多面体 P に対して、デーン不変量：$\delta(P) = \Sigma(a_i, \alpha_i)$ が定義される。a_i は辺の長さ、α_i は二面角で $\mathrm{mod}\,\pi$ で還元されているものとする。
[11] ユークリッド幾何学：ユークリッドが『幾何学原論』で体系づけた幾何学。公理、公準は後にさらに整理され、ヒルベルトが結合・順序・合同・平行・連続の諸公理に基づき体系を完成した。特徴的なのは平行線公理で、これを否定することにより非ユークリッド幾何学が得られる。
[12] 位相群：位相の定められた群で、そのすべての群演算が与えられた位相に関して連続となるという意味において代数構造と位相構造が両立する。
[13] リー群：群構造(最も基本的とみなされる集合に定まっている算法[演算]や作用[変換写像の集まり]によって決まる代数的構造)を持つ可微分多様体(局所的に十分線型空間に似ていて微積分ができるような多様体[局所的にはユークリッド空間とみなせるような図形や空間(位相空間)のこと])で、その群構造と可微分構造とが両立するもの。
[14] 代数的数と超越数：代数的数とは、複素数であって、有理数係数(分母を払って考えると整数係数といっても本質的には同じ)の0でない一変数多項式の根(すなわち多項式の値が0になるような値)となるもの。従って全ての整数や有理数は代数的数であり、全ての整数の冪根も代数的数である。実数や複素数には代数的数でないものも存在し、そのような数は超越数と呼ばれる。π や e は超越数である。ほとんど全ての複素数は超越数である(集合論的性質)。

想である。

「リーマンゼータ関数が負の偶数と実部が1/2の複素数にしか零点を持たない」

すなわち、級数 $\zeta(s) = 1+1/2^s+1/3^s+\cdots+1/n^s+\cdots$ は、$s>1$ のときに収束するが、ドイツのゲオルク・フリードリヒ・ベルンハルト・リーマンは、これを s が複素数の場合に拡張して考察し、これをリーマンのゼータ関数という。リーマンは $\zeta(s)(s=\sigma+ti)$ の実数でない零点は、すべて $\sigma=1/2$ という直線上にあると予想した。未解決問題である。

【問題9】 一般相互法則に関するもので、「あらゆる代数体[15]における最も一般的な相互法則を見つけよ」という問題である。

この問題は、オーストリア／ドイツ／アメリカのエミール・アルティン(1898〜1962)によってアルティン相互関係法を使って部分的に解決された。また、1948〜1950年にロシアのイゴール・シャハレビッチ(1923〜2017)によってさらなる解決がなされた。

【問題10】 ディオファントス方程式の可解性の決定問題と言われる。

ディオファントス方程式とは、整係数多変数高次不定方程式で、整数解や有理数解を問題にしたい場合に用いられる。主に数論の研究課題。古代アレクサンドリアの数学者ディオファントスの著作『算術』で、その有理数解が研究されたのにちなんだ名称。

$x_1, x_2, x_3, \cdots, x_n$ に関する整数係数の方程式：

$f(x_1, x_2, x_3, \cdots, x_n) = 0$ ...(*)

の整数解の組 $(x_1, x_2, x_3, \cdots, x_n)$ を存在するか否かにかかわらず求めようとするとき、(*)をディオファントス方程式とよぶ。

1970年にロシアのユーリ・マチャセビッチ(1947〜)が、否定的に解決した。

【問題11】 任意の代数的数を係数とする2次形式に関するもので、「代数体上で2次形式を分類せよ」という問題である。

このような方程式の一般的な形は、$ax^2+bxy+cy^2$ で、すべての係数は整

数でなければならない。この問題は、1920年のヘルムート・ハッセ（1898～1979）によるもの等、部分的に解決されている。

【問題12】 類体の構成問題に関するもので、「代数体のアーベル拡大[16]は、もとの体に適当な解析関数の特殊値を添加してできる拡大体に含まれなければならない」という代数体のアーベル拡大を具体的に構成する方法を示せ、と言う問題である。

ヒルベルトはこの問題を、数および関数の、全ての理論の中で最も深く最も重要なものの1つと考え、多くの側面から近づき得るように見えると述べている。

アーベル拡大の起源はガロアにより、今日ではガロア群と呼ばれる群が体の拡大を制御することが明らかになった。ガロア群が可換、すなわちアーベル群である場合、特にアーベル拡大という。ヒルベルトのこの問題は、有理数体のアーベル拡大ではなく一般的な代数体 K のアーベル拡大はどのように構成できるかを問うている。この絶対アーベル拡大体 K^{ab} の記述は、類体論によって得られる。類体論は、ヒルベルト自身とアルティンとによって、20世紀前半に開拓された。特に高木貞治は、絶対アーベル拡大体が存在することを証明した。しかしながら、類体論の中で K^{ab} を具体的に構成することは、最初にクンマー理論を使い、より大きな非アーベル拡大を構成し、それからアーベル拡大へ落とし込むことでなされるため、アーベル拡大のより具体的な構成方法を問うヒルベルトの問題の解には至

---

[15] 代数体：有理数体（有理数：2つの整数 a,b を用いて a/b という分数で表せる数。体：零で割ることを除いて四則演算が自由に行える数系）の有限次代数拡大体のこと。代数体 K の有理数体上の拡大次数 $[K:Q]$ を、K の次数といい、次数が n である代数体を、n 次の代数体という。特に、2次の代数体を2次体、1の冪根を添加した体を円分体という。

[16] アーベル拡大：抽象代数学において、ガロア群（代数方程式または体の拡大から定義される群）がアーベル群（群演算が可換な群、どの2つの元の積も掛ける順番によらず定まる群）となるようなガロア拡大（体の代数拡大[17] E/F であって、正規拡大かつ分離拡大であるもののこと）のこと。

[17] 代数拡大：抽象代数学において、体の拡大 L/K は次を満たすときに代数的であると言う。L のすべての元は K 上代数的である、すなわち、L のすべての元は K 係数のある 0 でない多項式の根である。代数的でない体の拡大、すなわち超越元を含む場合は、超越的と言う。

　例えば、体の拡大 $\mathbb{R}/\mathbb{Q}$ すなわち有理数体の拡大としての実数体は、超越的であるのに対し、体の拡大 $\mathbb{C}/\mathbb{R}$ や $\mathbb{Q}(\sqrt{2})/\mathbb{Q}$ は代数的である。ここで $\mathbb{C}$ は複素数体である。

っていない。1912年にエーリヒ・ヘッケ(1887〜1947)が実二次体のアーベル拡大を研究するためにヒルベルト・モジュラー形式を使用した。1960年頃より、大阪大学からプリンストン大学に移った志村五郎(1930〜)と東京大学の谷山豊(1927〜1958)により一般のCM体(特別なタイプの代数体 K であり、虚数乗法[complex multiplication]論との関係から命名)に対する結果が得られた。カナダ出身でプリンストン高等研究所のロバート・ラングランズ(1936〜)は、1973年に志村多様体のハッセ-ヴェイユのゼータ関数を扱うべきと論じたが、解決には至っていない。

【問題13】 一般7次方程式を2変数の関数だけで解くことの不可能性に関するもので、1957年にウクライナ／ロシアのウラジーミル・アーノルド(1937〜2010)が解決した。

【問題14】 不変式系の有限性の証明。1958年、永田雅宜(1927〜2008)が反例を作り、否定的に解決した。

【問題15】 代数幾何学の基礎づけに関するもので、以下のような問題である。

「厳密に正確性の限界を確定した上で、シューベルト[18]が、自ら開発した数え上げ微積分によって、いわゆる特別点あるいは数の保存の原理を基本に、シューベルトが特に定めた幾何学的な数を設定すること」

今日の代数学は、原則として除去のプロセスを実行する可能性を保証するが、明らかに、数え上げ幾何学の定理の証明のためにより必要である。すなわち、特別な形の方程式の場合、除去のプロセスを実際に実行することから、最終的な方程式と多数のそれらの解の程度は予見されるかもしれない。ヒルベルトの第15問題は、部分的解決といえる。

【問題16】 代数曲線および曲面の位相の研究に関するもので、この問題は、2つの数学の異なる分野において類似した問題から成り立っている。
① n 次の実代数曲線の分枝の相対的位置について調べること(代数曲面についても同様)。

② n 次の 2 次元の多項式のベクトル場のリミットサイクルの数のための上限の決定とその相対位置について調べること。

①は $n=8$ の時、未解決である。従って、この問題は通常、「実代数幾何学」でのヒルベルトの第 16 の問題とされている。②も、未解決のままである。リミットサイクル数のための上限は、いかなる n も >1 で見つかっていない。そこで、この問題は通常、力学系におけるヒルベルト第 16 の問題とされている。

1876 年に、ドイツのカール・ハルナック（1851〜1888）は、実射影平面で代数曲線を調べて、n 次の曲線が、$(n^2-3n+4)/2$ を超えない別々の関係ある構成要素しか持てないことを示した。さらに、彼は、いかにして上限を得る曲線を作るかを示した。構成要素の数と共に M-曲線と呼ばれる。ヒルベルトは、6 次の M-曲線について調べ、常に 11 要素にグループ化されることを示した。さらに、彼は、類似の方法で、構成要素数の最大数を求めることで、代数曲面に対してハルナックの定理を一般化しようとした。

②については、実平面における多項式ベクトル場について考えようというものである。すなわち、P, Q が n 次の実多項式であるとき、$dx/dt = P(x,y), \; dy/dt = Q(x,y)$ の微分方程式が成立する場合である。これらの多項式のベクトル場は、ポアンカレによって研究された。彼は、静止点でなくて周期的な解であるとした。そのような解を、リミットサイクルと呼んでいる。

ロシアのユーリ・イヤシェンコ（1943〜）とジャン・エカレ（1950〜）によって、1991/1992 年に、平面上のあらゆる多項式のベクトル場には、多くの有限のリミットサイクルだけがあることが示された。

【問題 17】 定符号の式を完全平方式を使った分数式で表現することに関連したもので、「実数上で非負値しかとらない多変量多項式が与えられた時、それは、有理関数の平方和で表されるか？」という問題である。

主題は、非負多項式を多項式の平方和で表すことである。有理関数の平方和で多項式を表すことがヒルベルトの第 17 問題である。連続的な整数の平方和には、ピラミッド数の平方がある。整数を整数の平方和として表すには、ラグランジュの四平方の定理がある。問題の公式化は、例えば、

---

[18] ヘルマン・シューベルト（1848〜1911）：ドイツの数学者、有限の解を含む代数幾何学の一部となる数え上げ幾何学の創始者。

$f(x, y, z) = z^6 + x^4y^2 + x^2y^4 - 3x^2y^2z^2$ のような負でない多項式があることを考慮し、それは、他の多項式の平方和で表されないものとする。

1888 年に、ヒルベルトは、$n = 2$ かつ $2d = 2$ であるか、$n = 3$ かつ $2d = 4$ の時に限り、n 変数の $2d$ 次の全ての多項式が、他の多項式の平方和で表されることを示した。

ヒルベルトの証明は、明白な例を示せなかった。1967 年になって、最初の明白な例が、イスラエル／アメリカのテオドール・モツキン（1908～1970）によって示された。

$n = 2$ の特定のケースは、1893 年にヒルベルトによって既に解かれていた。一般的な問題としては、1927 年にアルティンによって、実数に対して、より一般的には実閉体（real closed field、実数体と一階の性質が同じである体）に対して、正の半定値関数について解かれた。

フランスのディディエ・デュボア（1952～）は 1967 年に、一般に順序体に対して解が負になることを示した。この場合、正多項式が正係数による有理関数の重みづけ平方和になると言える。

ドイツのアルブレヒト・フィスター（1934～）は 1970 年に、n 変数の半正定値形式が 2^n の平方和で表されることを示した。

アルゴリズムの解は、1984 年にアメリカのチャールズ・デルゼルによって発見された。

行列の場合（常に半定値の多項式関数による行列は、有理関数による対称行列の平方和で、表すことができる）の一般化は 1974 年に、フランスのダニエル・ゴンダール、ブラジル／カナダのパウロ・リベンボイム（1928～）、イタリアのクラウディオ・プロセシ（1941～）、アメリカのマレー・シャッハーによって示され、導入的な証明が 2008 年に、クリストファー・ヒラーとジャワン・ニーによって示された。

【問題 18】 結晶群・敷きつめ・最密充塡（球充塡）・接吻数問題に関するもので、この問題はユークリッド空間を「パック」する（ある物体に、別のある物体を最大面積・最大体積で詰め込むこと）格子と球について、3 つの別々の問いである。

問題の第 1 部は、n 次元における対称群に関するもので、有限個の基本

的に異なる空間群が、有限個の n 次元ユークリッド空間に存在するかどうかを問う。当問題は、1911 年に、ドイツのルートヴィヒ・ビーベルバッハ（1886〜1982）によって肯定的に解かれた。

問題の第2部は、3 次元のアンアイソヘドラル[19]・タイリングを問うものである。ここで、タイリングとは平面充填ともいい、平面内を有限種類の平面図形（タイル）で隙間なく敷き詰める操作のこと。

すなわち、3 次元ユークリッド空間にタイルを張る際に、いかなる空間群の基本領域でもない多面体が存在するかどうかという問いである。

つまり、アイソヘドラル・タイリング[20] ということである。

アンアイソヘドラル・タイリングであるようなタイルは現在は知られているが、3 つの局面で問題を尋ねる際に、ヒルベルトは、そのようなタイルが 2 次元に存在しないと仮定していたようだ。この仮定は誤っていることが後でわかったのだった。

3 次元のそのようなタイルは、1928 年にドイツのカール・ラインハルト（1895〜1941）によって初めて見出された。2 次元の最初の例は、1935 年にドイツのハインリッヒ・ヒーシュ（1906〜1995）によって見出された。

問題の第3部は、最も密集した球面パッキングか、あるいは、他の特定の形によるパッキングを求めるものである。それは、球以外の形を明確に含んでいるが、一般にはケプラー予想と等価である。

1998 年に、アメリカのトーマス・C. ヘイルズ（1958〜）は、コンピュータの支援を得てケプラー予想を証明したと発表した。多数のケース1つ1つを複雑なコンピュータシミュレーションでチェックするしらみつぶし法を用いたもので、ケプラー予想は定理として受け入れられる寸前にある。2014 年、ヘイルズが率いるフライスペック・プロジェクト・チームは、定理証明支援ツールである Isabell および HOL Light を組み合わせて用いることにより、ケプラー予想の形式的証明を完了したと発表した。そこでは、最もスペース効率の良い方法は、ピラミッド形であるとしている。

---

[19] アンアイソヘドラル（anisohedral）、反タイル推移的：そのコピーによりタイル張りできるが、タイル推移的なタイル張りは決してできないもの。
[20] アイソヘドラル・タイリング：タイル張りのうち、1 つの形のタイルで埋め尽くされていることを前提に、ある方向へ移動するともとに戻る（並進対称性）があり、かつ、ある点で回転するともとに戻る（回転対称性）、ある線で鏡写しにしてもとに戻る（鏡映対称性）、ある線で鏡写しにしてこの線で並進するともとに戻る（映進対称性）、があってもなくてもいいという条件を満たすタイル張り図形を、アイソヘドラル・タイリング（isohedral tiling）と言う。

【問題19】 正則な変分問題の解は常に解析的かという問題で、1904年にロシアのセルゲイ・ベルンシュテイン(1880〜1968)が解決した。1904年、パリ大学に提出した彼の学位論文の中で、楕円型偏微分方程式を解析的に解くというヒルベルトの第19問題への解答が記述されていた。

ヒルベルトの意見として、解析関数の理論で最も注目に値する事実の1つが、いくつかのそのような関数を認めるような偏微分方程式のクラスが存在する、というものである。例をあげると、ラプラス方程式(2階線型楕円型偏微分方程式)、リウヴィル方程式(スツルム–リウヴィル型微分方程式)、極小曲面方程式、およびと例として、フランスのエミール・ピカール(1856〜1941)によって例証された線形偏微分方程式などである。

そして、この性質を共有している大部分の偏微分方程式が、うまく定義されたある種の変分問題についてのオイラー–ラグラジュ方程式であるという事実に注目していた。

【問題20】 一般境界値問題に関するもので、ヒルベルトは境界で与えられる関数の値が得られる偏微分方程式を解く方法が存在すると述べた。しかし、この問題は、境界でのより複雑な状況(導関数を含む)での偏微分方程式を解く方法、または、1次元以上で、変動問題を扱う微積分の解を求めている(例:極小曲面問題)。

当初の問題提起は、以下の通りである:

領域の境界上の値が定められるとき、密接に前述と関係がある重要な問題は偏微分方程式の解の存在に関する問題である。この問題は、ポテンシャルに関する微分方程式については、ドイツのカール・シュヴァルツ(1843〜1921)、フォン・ノイマンとポアンカレによる鋭い方法によって、大部分は、解決されている。

しかし、これらの方法は、一般的に境界線に沿って微分係数がこれらと関数値とのいかなる関係も定められる場合に、直接的な拡張が可能でないようである。そして、それらの解は、ポテンシャル面ではない場合に対して、すぐに拡張できない。しかし、最小面積面や正曲率ガウス曲面には、有効である。それらは、定められたねじれた曲面を通るか、与えられた環状面をまたぐものである。

ディリクレの原理によって示される性質の一般原理によってこれらの存在定理を証明することができると考えられている。

それから、この一般原理によって、次に示すように問題に取り組むことができる。

全ての規則的な変分問題でないものを持つ所定の境界条件に関する特定の仮定が満たされ(これらの境界条件に関係がある関数が連続的)、また、解決の概念が十分に広げられる必要ならば、正則変分問題の全てに解がないということはないのではないだろうか。これらの境界条件に関係がある関数が、連続的で、断面に1つ以上の導関数を持つと言える。

【問題21】 与えられたモノドロミー群をもつ線型微分方程式の存在証明に関するもので、リーマン-ヒルベルト問題とも呼ばれる。フレドホルムの積分方程式[21]に関するヒルベルトの研究を応用して、1908年にスロベニアのジョシプ・プレメルヒ(1873〜1967)が積分方程式の問題に再定式化して肯定的に解決した。1913年にアメリカのジョージ・バーコフ(1884〜1944)が別証明を考案した。

しかし、1989年にロシアのドミトリ・アノゾフ(1936〜2014)とアンドレイ・ボリブルヒ(1950〜2003)が正則であるがフックス型でない微分方程式系があることを示して、プレメルヒとバーコフの証明の誤りを明らかにし、リーマン-ヒルベルト問題が否定的に解決されることを証明した。モノド

---

[21] フレドホルム積分方程式:スウェーデンのエリック・フレドホルム(1866〜1927)によって研究された、その解がフレドホルム核(バナッハ空間[完備なノルム空間、即ちノルム付けられた線型空間であって、そのノルムが定める距離構造が完備であるもの]上の核で、その空間の核作用素と関連するもの。フレドホルム積分方程式およびフレドホルム作用素の概念の1つの抽象化)およびフレドホルム作用素の研究であるフレドホルム理論から生じる積分方程式。ここで、完備しは、距離空間 M が完備であることで、M 内の任意のコーシー点列(十分先のほうで殆ど値が変化しなくなるもの)が M に属する極限を持つ(任意のコーシー点列が収束する)ことの意。ここで、ノルム空間とは、ノルム線型空間、ノルム付きベクトル空間、ノルム付き線型空間とも言い、ノルム(平面あるいは空間における幾何学的ベクトルの"長さ"の概念の一般化)の定義されたベクトル空間(線型空間、ベクトルと呼ばれる元からなる集まりの成す数学的構造)を指す。

ロミー[22]表現が既約である場合にだけ、リーマン-ヒルベルト問題は肯定的に解決されている。

【問題22】 保型関数[23]による解析関数[24]の一意化に関するもので、ドイツのポール・ケーベ(1882〜1945)とポアンカレがそれぞれ独立に肯定的に解決。一意化定理は1880年代からポアンカレが研究し、その一部を証明していたが、ヒルベルトは23の問題の1つとして取り上げてその厳密な証明を求めた。

ポアンカレが最初に証明を行ったので、常に1変数の保型関数を用いて2つの変数のどんな代数関係でも均一に減らすことが可能である。

つまり、2変数の代数方程式が与えられれば、これらの2変数に対して2つの、1変数に対して1つの値を持つ保型関数を、常に見つけることができる。それらの保型関数で代用すれば、与えられた代数方程式に恒等式を与えることとなる。

最初に言及される特別な問題において、ポアンカレに提供したものとは全く異なる方法によってではあるが、2変数の間でのいかなる解析的非代数関係を導くことができる。この基本的定理の一般化は、ポアンカレによって同様に成功裏に試みられた。

すなわち、この変数がそれらの関数の正則領域にわたって、1つの新しい変数に対する2つの一価関数が選ばれるが、与えられた解析分野において、全ての正則点が実際に整理され表されるかどうかは、示されていない。

それどころか、ポアンカレの調査から、一価関数が分岐点[25]の近傍にいくつか存在する。一般には、解析分野において多くの他の離散的な例外点がある。それは、新たな変数を導入することによってのみある種の関数の極限点に到達できるのである。

問題へのポアンカレの公式化の基本的な重要性からみれば、この困難さの解明と解が強く望まれると思われる。

この問題に関連して、3つ以上の複雑な変数の間の関係を、代数的、あるいは他の解析的に均一に減じるという問題が発生する。この問題は、多くの特別な場合に解ける問題として知られている。

これの解決へ向って、2つの変数の代数関数に関するピカールの調査は

歓迎されており、重要な予備研究と考えられている。

【問題23】 変分法の研究の展開に関するもので、この分野でのドイツのカール・ワイエルシュトラス、マルティン・クネーザー(1928～2004)、フランスのポアンカレの貢献を評価して、変分法の重要性と研究課題を指摘することで、ヒルベルトはその後の関数解析や偏微分方程式論の発展を促した。変分法は、数学と物理学が深く関連した研究分野で、ヒルベルトは、クーラントとの共著『数理物理学の方法』で変分法を広範に論じている。

ヒルベルトによると、この問題は次の文章から始まっている。「現在のところ、私は、一般的にできるだけ確かで特別な問題に言及してきた。それでも私は、この講義で繰り返し言及される数学の分化の徴候と共に、一般的な問題と近付きたい。この講義は、ワイエルシュトラスによって最近なされかなりの進歩はあったにも関わらず、私の意見としては、一般的な評価は得られていない。すなわち、変分法を意味している。」

この問題の変分学は、汎関数を最大にするか、最小にすることに対処す

---

[22] モノドロミー(monodromy)：解析学、代数トポロジー、代数幾何学、微分幾何学において、特異点の周りで対象にした研究分野。モノドロミーの基本的な意味は、「ひとりで回る」という意味で、被覆写像と被覆写像の分岐点への退化と密接に関係。モノドロミー現象が生ずることは、定義したある関数が一価性に失敗することを意味し、特異点の周りを回る経路を動くことになる。このモノドロミーの失敗は、モノドロミー群を定義することによりうまく測ることができる。モノドロミー群とは、「回る」ことに伴い起きることをエンコードするデータに作用する群。

[23] 保型関数：平面領域 D を不変にする一次分数変換を元とする群 G があり、D を定義域とする有理型関数 f で、G に属する変換を独立変数にほどこしても値の変わらないもの、すなわち

$$f\left(\frac{az+b}{cz+d}\right) = f(z)$$

が成り立つようなものを保型関数という。三角関数のような周期関数、楕円関数のような二重周期関数の一般化である。

[24] 解析関数：素平面の領域 D 上の複素関数 $f(z)$ が、D 内の点 c の近くの各点で微分可能なとき、関数は c において正則であるという。このとき、c の近くでテーラー展開ができて、

$$f(z) = c_0 + c_1(z-c) + c_2(z-c)^2 + \cdots + c_n(z-)c^n + \cdots$$

の形で表せる。逆に、関数がこの形の整級数で表せるとき、関数は点 c で解析的であるといい、領域 D 内の各点で解析的な関数を D での解析関数という。

[25] 分岐点：複素解析学における多価関数の分岐点のこと。その点を中心とする任意の閉曲線に沿って一周するときその関数(もとの点における値が周回前と周回後で一致しないという意味で)不連続となるような点。

る数学解析であり、それは関数の集合から実数への写像である。汎関数は、関数と導関数を含んでいる定積分として、しばしば表される。

関心は、汎関数を最大値か最小値を得る極値関数に関するもので、または、停留関数で汎関数の変化率がゼロとなるものである。

問題提起後、ヒルベルト、ユダヤ系ドイツ人のエミー・ネーター(1882〜1935)、イタリアのレオニダ・トネリ(1885〜1946)、フランスのアンリ・ルベーグ(1875〜1941)とジャック・アダマール(1865〜1963)は、変分法に対する重要な貢献をした。

アメリカのマーストン・モース(1892〜1977)は、1934年に現在モース理論を構築するために変分法を適用した。

ロシアのレフ・ポントリャーギン、アメリカのラルフ・ロッカフェラー(1935〜)とカナダのフランシス・クラークは、最適制御論で変分法のための新しい数学的ツールを開発した。アメリカのリチャード・ベルマン(1920〜1984)の動的計画法は、変分法に代わるものである。

『ヒルベルト問題』に関する日本人数学者の貢献は、第14問題の不変式系の有限性の証明で、私も京都大学理学部学生時代に群論の講義を受けた永田雅宜によって反例が示され、否定的に解決された。また、ドイツに留学した高木貞治(1875〜1960)は、ヒルベルトの下で研究し、日本へ帰り独自研究を進めた。しかし、第1次世界大戦によりヨーロッパから論文が届かなくなり、独自に類体論を完成させることとなる。それらの功績が認められ、1932年に、第1回フィールズ賞の選考委員になった。

1.5.2　ガロアやラマヌジャンのような天才数学者を発掘する社会の重要性

ここで、少し話を変えて、『数学力で国力が決まる』という書名の意味する、天才数学者を発掘する社会の重要性について述べる。社会の仕組みが整っていなかったために、人類の財産とも言える

2人の若き天才数学者が若くしてこの世を去っていった。

1人は、20歳でこの世を去ったフランスの数学者、というよりも革命家のエヴァリスト・ガロア(1811〜1832)である。彼は、ガロア理論(代数方程式［多項式を等号で結んだ形で表される方程式の総称］や体［群の公理と分配則を満たすような加法、減法、乗法、除法の概念を備えた代数的構造］の構造を"ガロア群"と呼ばれる群を用いて記述する理論)を構築し、代数方程式の冪根による可解性などの研究を行い、まだ確立されていなかった群や体の考えを方程式の研究に用いた。ここで、群の公理とは、群 $(G,\cdot)$ は集合 G において、3つの公理を満たす G 上の(つまり G において閉じた)二項演算 "·" を組にしたものである。群の3公理とは、次の3つから成る。

①演算の結合律：G の任意の元 a, b, c に対して $(a\cdot b)\cdot c = a\cdot(b\cdot c)$ が成り立つ、
②単位元の存在：$e \in G$ が存在して、G のいかなる元 a に対しても $e\cdot a = a\cdot e = a$ を満たす、
③逆元の存在：G のそれぞれの元 a に対して $a\cdot b = b\cdot a = e$ を満たす G の元 b が存在する(e は単位元)

ガロア理論によれば、"ガロア拡大"と呼ばれる体の代数拡大について、拡大の自己同型群の閉部分群と、拡大の中間体との対応関係を記述することができるようになった。ガロアは、恋愛関係のもつれで決闘でこの世を去ったとされているが、最近の研究では、共和党員であったガロアの革命運動に関係した死であったとされる説が浮上している。

もう1人は、33歳でこの世を去ったインドの天才数学者シュリ

ニヴァーサ・ラマヌジャン(1887〜1920)である。直感的で天才的な閃きにより多くの逸話が残されている。ラマヌジャンは、南インドの極貧家庭に生まれた。幼少の頃より家庭での徹底したヒンドゥー教育を受けた。学業は幼い頃から非常に優秀で、15歳のときに『純粋数学要覧』という受験用の数学公式集に出会ったことで数学の道を目指すこととなったという。奨学金でマドラスのパッチャイヤッパル大学に入学したが、数学に没頭したため美術の単位が足らず2年連続で落第し、奨学金を打ち切られて中途退学。しばらく独学で数学の研究を続けることとなる。港湾事務所の事務員の職に就き、仕事を早めに終えて、職場で専ら数学の研究に没頭したという。1913年、イギリスの教授陣に研究成果に関する手紙を出したが、多くは、黙殺された。唯一、解析学の権威のケンブリッジ大学のゴッドフレイ・ハロルド・ハーディ(1877〜1947)は、ラマヌジャンを高く評価し、ケンブリッジ大学に招聘し、ラマヌジャンは1914年に渡英。しかし、病気になり、インドに帰国、1920年に病死した。ラマヌジャンは、敬虔なベジタリアンのヒンドゥー教徒でイギリスでの食生活が困難を極めたようだ。渡英後に発表した約40編の論文の他に、渡英前の数学的発見を記したノートが残っている。系統的な数学教育を受けなかったため「証明」というプロセスが欠落していたが、直感的に得られた「定理」に関して、共同研究を行っていたハーディが証明するという方法をとった。明確な証明を付けなかったことで、ラマヌジャンの業績は理解されにくいものとなった。彼が26歳までに発見した定理に関して、その後多くの数学者の協力で証明が行われ、作業が完了したのは1997年だった。渡英前のノートに記された公式群は既に知られていたものも多かったが、連分数や代数的級数などに関しては新しい発見があった。渡英後に発表したラマヌジ

ャンの保型形式、20世紀の数論と代数幾何学を牽引した重要な予想の1つとなったラマヌジャン予想(1974年ベルギーのピエール・ドリーニュ(1944〜)が解決)、ロジャース–ラマヌジャン恒等式の発見、確率論的整数論の創始、擬テータ関数の発見などの多くの業績を残した。また、ハーディによる数学者の採点は、ハーディ自身は25点、ジョン・エデンサー・リトルウッド(1885〜1977、ハーディの共同研究者)が30点、ヒルベルトが80点、そしてラマヌジャンが100点だった。

以上に述べたように、ガロアやラマヌジャンのような天才数学者は人類の財産である。当時の社会が彼らの才能活かせなかったのは、国家と共に国際社会の仕組みに起因する。日本は国際社会へも働きかけることで、才能を発掘し、活かす社会を目指すべきである。

1.6 21世紀数学は、どこへ向うのか？

戦争の世紀と言われた20世紀の数学について概観してきたが、21世紀の数学はどこへ向おうとしているのだろうか？ 20世紀の数学の特徴の1つに抽象代数学、解析学、トポロジーを始めとする幾何学の発展があったが、抽象的な純粋数学へと分化し、深化し過ぎた感が否めない。

1.6.1 21世紀数学を象徴するミレニアム問題

21世紀数学は、どこへ向うのだろうか？ その一端を担うクレイ数学研究所のミレニアム問題について述べる。クレイ数学研究

所(Clay Mathematics Institute、略称 CMI)は、アメリカのマサチューセッツ州ケンブリッジに私的で非営利施設として、数学の発展とそれを広めることを目的として設立された。同研究所は、優れた数学者へ様々な賞と賞金を授与している。CMI は、1998 年の、ハーバード大学の数学者アーサー・ジェイフ(1937〜、数理物理学)と、投資会社イートン・バンス社の会長などを務めた企業家ランドン・T. クレイ(1926〜2017)が中心となって設立された。

CMI は 2000 年に、21 世紀に解決すべき問題として未解決の 7 つの数学の問題をあげ、100 万ドルの懸賞金をかけている(図 1-18 参照)。7 つの問題のうち主なものを以下に示す。

第 2 問題のリーマン予想は、ヒルベルトの第 8 問題でもあるが未解決で、ミレニアム問題にも採用されている。

第 3 問題の P ≠ NP 問題は、計量計算理論においてクラス P とクラス NP が等しくないと言う予想を意味している。ある問題をコンピュータで解く際に、その問題を解くためのビット数を N とし、それを解く手順が存在する場合、問題はクラス P に属すると定義する。P も NP も問題の集まりだが、P ⊂ NP であることは分かっているが、P = NP なのか、P ≠ NP なのかどちらかを問う問題である。

第 6 問題のポアンカレ予想は、グリゴリー・ペレルマン(1966〜)が 2002〜2003 年にかけて、これを証明する論文をプレプリントサーバ arXiv(査読つき学術雑誌に掲載される予定になっている論文原稿を、原稿が完成した時点で一足早く公開するサーバ)に投稿した。これらの論文について 2006 年の夏までに複数の数学者による検証が行われ、証明が正しいことが確認された。ペレルマンには、2006 年のフィールズ賞が贈られたが、本人は受賞を辞退した。

① ヤン-ミルズ方程式と質量ギャップ問題（Yang-Mills and Mass Gap）
任意のコンパクトな単純ゲージ群 G に対して、非自明な量子ヤン-ミルズ理論が $\mathbb{R}^4$ 上に存在し、質量ギャップ $\Delta > 0$ を持つことの証明。

② リーマン予想（Riemann Hypothesis）
リーマンゼータ関数 $\zeta(s)$ の非自明な零点 s は全て、実部が $1/2$ の直線上に存在。

③ P ≠ NP 予想（P vs NP Problem）
計算複雑性理論（計算量理論）におけるクラス P とクラス NP が等しくないこと。

④ ナヴィエ-ストークス方程式の解の存在と滑らかさ（Navier-Stokes Equation）
3次元空間と時間の中で、初期速度を与えると、ナヴィエ-ストークス方程式の解となる速度ベクトル場と圧力のスカラー場が存在し、双方とも滑らかで大域的に定義されるか否か。

⑤ ホッジ予想（Hodge Conjecture）
複素解析多様体のあるホモロジー類は、代数的なド・ラームコホモロジー類である、即ち、部分多様体のホモロジー類のポアンカレ双対の和として表されるド・ラームコホモロジー類である。

⑥ ポアンカレ予想（Poincaré Conjecture）
単連結な3次元閉多様体は3次元球面 S^3 に同相である。

⑦ バーチ-スウィンナートン=ダイアー予想（BSD；Birch and Swinnerton-Dyer Conjecture）
楕円曲線 E 上の有理点と無限遠点 O のなす有限生成アーベル群の階数（ランク）が、E の L 関数 $L(E, s)$ の $s = 1$ における零点の位数と一致する。

図 1-18 21世紀に解決すべき問題7つの数学の問題（ミレニアム問題）

1.6.2 21世紀のさらなる未解決問題

人類が、古代バビロニア時代から、必要に迫られ、ある時からは、好奇心にかられて進化してきた数学には、ヒルベルト問題、ミレニアム問題の他にもいくつかの問題がある。

その1つが、「カタラン予想」で、1844年にベルギーのユージン・カタラン(1814〜1894)による。$x^a - y^b = 1 \,(x, a, y, b > 1)$ を満たす自然数解の組み合わせは $x = 3, \ a = 2, \ y = 2, \ b = 3$ だけであるというものである。この問題は、150年以上後の2002年に、ルーマニアのプレダ・ミハイレスク(1955〜)によって解明された。

第2は、「フェルマー数は平方因子を持たない」と予想されているが、未だに解決されていない。フェルマー数とは $2^{2^n}+1$ (n は自然数)で表される自然数のことで、n 番目のフェルマー数は F_n と記される。ここで、無平方数または平方因子を持たない**整数**とは、すなわち1より大きい完全平方で割り切れないような整数をいう。与えられた整数が無平方数であるとき、その**整数**は無平方であるともいう。例えば、10は無平方だが、18は $9 = 3^2$ で割り切れるので無平方数でない。無平方な正整数は小さい順に 1, 2, 3, 5, 6, 7, 10, 11, 13, 14, 15, 17, 19, 21, 22, 23, 26, 29, 30, 31, 33, 34, 35, 37, 38, 39, … となる。

第3に、「双子素数の予想」で、$p, p+2$ がともに素数になるものは無数に存在する、というものである。双子素数(twin prime)とは、差が2である2つの素数の組のことである。組 $(2, 3)$ を除くと、双子素数は最も近い素数の組である。双子素数を小さい順に並べた列は $(3, 5), (5, 7), (11, 13), (17, 19), (29, 31), \cdots$。ユークリッドの『原論』に証明がある。これに対し、双子素数は無数に存在するかという問題、いわゆる「双子素数の予想」や「双子素

数の問題」は、いまだに数学上の未解決問題である。

　第4の例は、「ゴールドバッハ予想」で、4以上の偶数は、2つの素数の和で表される、というものである。ドイツのクリスチャン・ゴールドバッハ（1690〜1764）によって提起された問題で、4×10^{18} まで成立することが証明されており、一般に正しいと想定されているが、未だに証明されていない。

　第5の例は、「完全数の総数問題」というもので、完全数は、いくつあるのか、という問題である。本書の執筆時点では、50個見つかっている。ところで、完全数（perfect number）とは、自分自身を除く正の約数の和に等しくなる自然数のことで、例としては、$6(=1+2+3)$、$28(=1+2+4+7+14)$、$496(=1+2+4+8+16+31+62+124+248)$ である。「完全数」は「万物は数なり」と考えたピタゴラスが名付けた数の1つであるとされる。完全数に関する最初の成果は紀元前3世紀頃、ユークリッドは著書『原論』で、2^n-1 が素数ならば $2^{n-1}(2^n-1)$ は完全数であることを証明した。ところで、2^n-1 が素数となるには n が素数である必要があり、これにより、2^p-1 が素数となる素数 p を見つけることとが重要である。2^p-1 を通常 M_p で表し、メルセンヌ数という。1876年にフランスのフランソワ・リュカ（1842〜1891）によってメルセンヌ数が素数であるかの判定法が考案された。1950年代からは、コンピュータが使われるようになり、現在では分散コンピューティング GIMPS（Great Internet Mersenne Prime Search の略称。メルセンヌ素数の発見を目的として1996年に発足した。分散型コンピューティングによって、参加者のコンピュータの余剰処理能力などを利用して解析、検証作業を行う）によるアプローチが主体となっている。2018年4月現在発見されている完全数はメルセンヌ素数と同じく50個であるが、紀元前からの問題の「偶数の

完全数は無数に存在するか？」、「奇数の完全数は存在するか？」という問題は、未だに未解決である。因みに、2017年12月に発見された、それまでに分かっている中で50番目のメルセンヌ素数 $2^{77232917}-1$ であり、十進法での桁数は2324万9425桁である。

　以上に例を挙げたように、20世紀に提起されたヒルベルト問題に端を発し、21世紀になっても数学の問題は尽きることはない。フォン・ノイマンら数学者によって創出された「現代のコンピュータ」は、第3章に述べる巨大な産業を産み出すと共に、これまでの産業構造を変え、社会を変えている。そして、「現代数学」に向き合う数学者自身の強力なツールとして、数学自身の発展に大きな影響を与え始めたのである。

2 藤原洋数理科学賞を創設した理由

数学への個人的な想い

本章では、私がなぜ、藤原洋数理科学賞を創設したのか？ という背景とその理由について述べてみたい。私の数学への想いは、第1章で述べてきたように、古代から現代まで、実は社会発展の原動力は「数学」にあるという強い信念に基づいている。

　第1.1.2項で述べた人類の歴史における3つの革命論の視点の中で、アルビン・トフラーに始まるミッドレンジの「3段階革命論」、すなわち「農業革命」「産業（工業）革命」「情報革命」に戻ると、現代は「情報革命」の真っ只中にある。

　そこでこれまで、「数学」が「産業（工業）革命」を推進する重要な役割を担ってきたことは、第1章で既に述べたが、第2章では、最初に数学者に贈られる賞について概観した後、「情報革命」の担い手の1人として藤原洋数理科学賞を創設した理由について述べることとする。

2.1 数学者に贈られる海外の賞

　数学者に贈られる海外の賞は、主なもので約20ある。古くから続いているものは少なく、ロンドン数学会のド・モルガン・メダルが最も古く、1884年からである。その後、世界の数学者が協調する国際数学連合が4年に1度主催する国際数学者会議（ICM）が中心となって世界の数学界をリードしている。国際数学連合総裁は、アジアから初めて（任期2015～2018年）森重文氏（京都大学数理解析研究所特任教授・藤原洋数理科学賞審査委員でもあり、1990年フィールズ賞受賞者）が務めている。現在のところ、数学者に贈られる賞は、最高峰のフィールズ賞を中心に以下に示すような賞があるが、ノーベル賞を始めとする科学者や技術者に贈ら

れる賞と比較して非常に少なく、また、賞金も少ないのが現状である。権威のある主な賞としては、国際数学者会議の賞、ノルウェー政府の関わるアーベル財団の賞(2003年〜)、アメリカ数学会の賞(1928年〜)、イスラエルのウルフ財団の賞(1978年〜)、ドイツ数学会のカントール・メダル(1990年〜)、スウェーデン王立科学アカデミーの賞(1982年〜)、ロンドン数学会のド・モルガン・メダル(1884年〜)、イギリス王立協会のシルヴェスター・メダル(1901年〜)、若手研究者対象のヨーロッパ数学会賞(1992年〜)などがある。また、賞金が高額な企業家が創設した賞として、ショウ賞(2004年〜)、ブレークスルー賞(2014年〜)などがある。

2.1.1　国際数学者会議の賞

国際数学者会議(International Congress of Mathematicians, ICM)は数学界最大の会議で、4年に一度、国際数学連合の主催により行われる。第1回会議は、1897年にスイスのチューリッヒで開催。1900年の会議では、第1章で解説したヒルベルトが興味のある問題として23の未解決問題を発表したことが、20世紀の数学界の動向を決定づけるほどの影響を与えた。今日では、それらの問題は「ヒルベルトの23の問題」と呼ばれる。開会式では、フィールズ賞、ネヴァンリンナ賞、ガウス賞、チャーン賞のほか、数学における優れたアウトリーチ活動に対して贈られるリラヴァティ賞(2010年創設)が授与される。

(1)　フィールズ賞

フィールズ賞は、若手(40歳未満)の数学者の優れた業績を顕彰し、その後の研究の奨励を目的に、カナダ人数学者ジョン・チャールズ・フィールズ(John Charles Fields、1863〜1932)の提唱によ

って1936年に作られた賞である。4年に一度開催される国際数学者会議において、顕著な業績を上げた若手数学者(2名以上4名以下)に授与される。

数学に関する賞では最高の権威を有するが、「4年に一度」「40歳以下」「2名以上4名以下」の制約がある。ただし例外もあり、「フェルマーの最終定理」の証明に成功したイギリスのアンドリュー・ワイルズ(1953〜)は、証明を発表した当時42歳だったが、業績の重要性から、1998年に45歳で「特別賞」を与えられている。

受賞者には西ヨーロッパとアメリカが多いが、受賞者の出身国は多様化してきており、ベトナム、イラン、ブラジルなども受賞者が出したし、2014年には初めての女性受賞者が出た。国籍別の受賞者数(受賞時)は、アメリカ13、フランス12、ロシア(ソ連含む)9、イギリス7、日本3、ベルギー、オーストラリア、ドイツ、イラン、イタリア2、オーストリア、ブラジル、カナダ、フィンランド、イスラエル、ノルウェー、ニュージーランド、スウェーデン、ウクライナ、ベトナム1である。

なお、メダルは、国際数学者会議の開幕式で名誉議長から授与される。「数学のノーベル賞」と呼ばれることもあるが、賞としての性格は大きく異なり、40歳以下の若手数学者に贈賞されることと、共同受賞の例はない。

フィールズ賞は、フィールズ賞選考委員会で決められる。ただし、1936年当初西側諸国のみで開始された選考に、現在では東欧諸国や発展途上国などの国々も参加している。これまで、ポアンカレ予想を解いたロシアのグリゴリー・ペレルマン(1966〜)だけが、受賞を辞退している(第1章参照)。

科学と数学の3つのメジャーな賞を比較すると

　フィールズ賞：数学、年齢制限あり(40歳未満)、1936年〜、

賞金約200万円

ノーベル賞：数学を除く科学など、年齢制限なし、1901年〜、賞金約1億円

アーベル賞：数学、年齢制限なし、2003年〜、賞金約1億円

である。

日本人の受賞者は、小平邦彦（1954年）、広中平祐（1970年）、森重文（1990年）の3人である。日本は国籍別順位では5位だが、25年以上受賞者が出ていない。第一回の審査には高木貞治があたっており、その後も吉田耕作等日本人が審査に関与し続けている。アジア系の受賞者は、他に丘成桐（シン=トゥン・ヤウ、中国系アメリカ人、1982年）、陶哲軒（テレンス・タオ、中国系オーストラリア人、2006年）、ゴ・バオ・チャウ（ベトナム人、2010年）、マリアム・ミルザハニ（イラン人、2014年）、マンジュル・バルガヴァ（インド系カナダ／アメリカ人、2014年）、コウシェール・ビルカール（イラン（クルド）人）の6人である。

以下に受賞者の一覧を示す。

1936年（オスロ）：2名
▶ラース・ヴァレリアン・アールフォルス［Lars Valerian Ahlfors、1907〜1996、フィンランド］

リーマン面に関する整関数（entire functions）と有理型関数（meromorphic functions）の逆関数のリーマン面に関する研究で解析学の新分野を開拓。

▶ジェス・ダグラス［Jesse Douglas、1897〜1965、アメリカ］

プラトーの問題を解決した業績

1950年（ケンブリッジ）：2名
▶ローラン・シュヴァルツ［Laurent Schwartz、1915〜2002、フランス］

理論物理学のディラックによって提案されたデルタ関数に動機付けされ、

超関数(distributions)理論を創設した。
- ▶ アトル・セルバーク[Atle Selberg、1917〜2007、ノルウェー]
ゼータ函数の零点の研究でセルバーグの篩法を考案、また、素数定理の初等的証明を行った。

1954年(アムステルダム):2名
- ▶ 小平邦彦[Kunihiko Kodaira、1915〜1997、日本]
調和積分論、2次元代数多様体(代数曲面)の分類などを行った。
- ▶ ジャン=ピエール・セール[Jean-Pierre Serre、1926〜、フランス]
代数トポロジーにおけるスペクトル系列を発展させ球面のホモトピー群の研究を行った。

1958年(エディンバラ):2名
- ▶ クラウス・フリードリッヒ・ロス[Klaus Friedrich Roth、1925〜2015、イギリス(ヴロツワフ[旧ドイツ、現ポーランド]生まれ)]
自然数の有限密度部分集合は無数の長さ3の等差数列を含むことを証明し、今日セメレディの定理として知られているものを作り上げ、最終的な結論は、今日トゥエ−ジーゲル−ロスの定理として知られている。
- ▶ ルネ・トム[RenéThom、1923〜2002、フランス]
代数トポロジーにおけるコボルディズム理論を創始し、ホモロジー、ホモトピーの研究の基礎を築いた。

1962年(ストックホルム):2名
- ▶ ラース・ヘルマンダー[Lars Hörmander、1931〜2012、スウェーデン]
定数係数の偏微分方程式の理論、特に線形偏微分方程式の一般理論における業績。
- ▶ ジョン・ウィラード・ミルナー[John Willard Milnor、1931〜、アメリカ]
非標準的微分構造を持った7次元エキゾチック球面の存在を証明し、微分トポロジー分野を創始した。

1966年(モスクワ):4名
- ▶ マイケル・フランシス・アティヤ[Michael Francis Atiyah、1929〜、イギリス]
K理論、複素多様体の楕円作用素に関するアティヤ−シンガーの指数定理、レフシェッツ不動点定理等の業績。
- ▶ ポール・コーエン[Paul Joseph Cohen、1934〜2007、アメリカ]

強制法を導入し、さらに強力な結果である ZFC と連続体仮説の独立性を証明。
- ▶アレクサンドル・グロタンディーク［Alexander Grothendieck、1928〜2014、無国籍（主にフランスで活動、ドイツ出身）］
新しいコホモロジー論を発見し、代数幾何の基本的な発展に貢献。
- ▶スティーヴン・スメイル［Stephen Smale、1930〜、アメリカ］
実力学系において、スメールの馬蹄型写像を生み出し、双曲型構造安定な力学系（モース-スメール系）の理論を構築し、可微分多様体上でモース関数を使用して、高次元ポアンカレ予想を解決した（この手法は4次元ポアンカレ予想にも応用された）。

1970 年（ニース）：4 名
- ▶アラン・ベイカー［Alan Baker、1939〜、イギリス］
ゲルフォント-シュナイダーの定理を一般化した（ヒルベルトの第7問題）。数論、特に超越数の理論の研究で知られ、ディオファントス方程式に関する業績。
- ▶広中平祐［Heisuke Hironaka、1931〜、日本］
標数 0 の体上の代数多様体の特異点の解消および解析多様体の特異点の解消。
- ▶セルゲイ・ノヴィコフ［Sergei Novikov、1938〜、ロシア（旧ソビエト連邦）］
代数・微分トポロジーで、コボルディズム環、複素コボルディズム群、ノヴィコフスペクトル列、安定ホモトピー群、可微分多様体におけるポントリャーギン類に関する位相不変量の証明等。
- ▶ジョン・グリッグス・トンプソン［John Griggs Thompson、1932〜、アメリカ］
奇数位数の有限群は、すべて可解群であることを証明。

1974 年（バンクーバー）：2 名
- ▶エンリコ・ボンビエリ［Enrico Bombieri、1940〜、イタリア］
多変数複素関数論、極小曲面における偏微分方程式論、高次元ベルンシュタイン問題の解決における貢献、および単葉関数における局所ビーベルバッハ予想の解決。
- ▶デヴィッド・ブライアント・マンフォード［David Bryant Mumford、1937〜、イギリス］

モジュライ多様体、すなわち、その点が、あるタイプの幾何学的対象の同型類をパラメトライズする多様体、の存在と構造の問題への貢献。幾何学的不変式論、同型写像(isomorphism)のモジュライ空間上の多様性の存在と構造に関する貢献と代数曲面理論への貢献。

1978年(ヘルシンキ)：4名

▶ピエール・ルネ・ドリーニュ[Pierre RenéDeligne、1944〜、ベルギー]

ヴェイユ予想の解決、ラマヌジャン予想の解決、ヒルベルトの第21問題(リーマン−ヒルベルト問題)の解決。代数幾何と代数的整数論の統一。

▶チャールズ・ルイス・フェファーマン[Charles Louis Fefferman、1949〜、アメリカ]

多変数複素解析における研究。

▶グレゴリ・アレキサンドロヴィッチ・マルグリス[Gregori Aleksandrovich Margulis、1946〜、ロシア(旧ソビエト連邦)]

リー群の革新的構造解析を行った。組合せ数学、微分幾何、エルゴード理論(ある物理量に対して、長時間平均とある不変測度による位相平均が等しい)、力学系、リー群における業績。

▶ダニエル・キレン[Daniel G. Quillen、1940〜2011、アメリカ]

高次代数的 K 理論(ホモロジー代数の重要な一部)に関する功績。環論と環上の加群(module)論における抽象代数学の問題の解決。

1982年(ワルシャワ)：3名

▶アラン・コンヌ[Alain Connes、1947〜、フランス]

作用素環論、特にタイプⅢファクターの一般的分類と構造定理、単射的(injective)または従順(amenable)、概有限(approximately finite dimensional, AFD)、超有限(hyperfinite)とよばれるよい近似的性質を持つ種類のフォン・ノイマン環の構造を解明することでフォン・ノイマン環の分類を進歩させた。

▶ウィリアム・サーストン[William P. Thurston、1946〜2012、アメリカ]

3次元多様体論、双曲幾何学、トポロジー、幾何学的群論、複素力学系における貢献。

▶丘成桐[シン=トゥン・ヤウ、Shing-Tung Yau、1949〜、アメリカ(中国系)]

関数解析学を使ってカラビ予想を解決し、$K3$ 曲面にアインシュタイン

方程式の解が存在することを示した。この解決から導きだされるカラビ–ヤウ多様体は数学の極めて広範な領域にインパクトをもたらした。一般相対性理論における正質量定理やコンパクト複素多様体上の複素モンジュ–アンペール方程式等を示した。

1986年(バークレー):3名

▶**サイモン・ドナルドソン**[Simon K. Donaldson、1957〜、イギリス]
4次元ユークリッド空間において異種微分構造が存在することを、ヤン–ミルズゲージ理論を用いて示した。

▶**ゲルト・ファルティングス**[Gerd Faltings、1954〜、ドイツ]
算術的代数幾何手法を用いてモーデル予想を証明した。

▶**マイケル・フリードマン**[Michael H. Freedman、1951〜、アメリカ]
トポロジー(位相幾何学)における難問とされるポアンカレ予想が4次元において成立することを証明した。

1990年(京都):4名

▶**ウラジーミル・ドリンフェルト**[Vladimir Drinfeld、1954〜、ロシア(旧ソビエト連邦[ウクライナ出身])]
有限体上の一変数代数関数体の GL_2 に関するラングランズ予想の証明および、量子逆散乱法による量子群の構成。

▶**ヴォーン・ジョーンズ**[Vaughan F. R. Jones、1952〜、ニュージーランド]
19世紀に遡る結び目の数学的研究と大規模な複雑系との間に予期せぬ関係を発見した。

▶**森 重文**[Shigefumi Mori、1951〜、日本]
「接束が豊富なら射影空間である」というハーツホーンの予想を解決し、代数多様体の構造論における最初の一般的な定理を確立した。そこで開発された証明の技法がさらに洗練され、代数多様体および有理写像の構造の研究に有力手段を与えるもので、これにより2次元の壁を乗り越えて高次元代数多様体の構造を解明することが可能になった。

▶**エドワード・ウィッテン**[Edward Witten、1951〜、アメリカ]
一般相対性理論における正エネルギー定理の証明。

1994年(チューリッヒ):4名

▶**ジャン・ブルガン**[Jean Bourgain、1954〜、ベルギー]

解析学の様々な分野、すなわち、バナッハ空間の幾何学から調和解析、解析的整数論、組合せ論、エルゴード理論、偏微分方程式等の分野における多くの業績、例えば、フーリエ制限ノルム、集約波動分離法の創始、非線形シュレディンガー方程式の球対称解、有限次元バナッハ空間の調和解析等。

▶ **ピエール=ルイ・リオン**[Pierre-Louis Lions、1956〜、フランス]
非線形偏微分方程式の理論の研究を行い、ボルツマン方程式に初めて完全な解を与えた業績等。

▶ **ジャン=クリストフ・ヨッコス**[Jean-Christophe Yoccoz、1957〜2016、フランス]
太陽系のような動的安定、太陽系の地球のパラメータ変化の下での一貫性を意味する構造的安定の性質を解明。

▶ **エフィム・ゼルマノフ**[Efim Zelmanov、1955〜、ロシア]
制限バーンサイド問題の解決。

1998年(ベルリン):4名+特別表彰

▶ **リチャード・ボーチャーズ**[Richard E. Borcherds、1959〜、イギリス(南アフリカ出身)]
頂点代数の導入によるムーンシャイン予想の解決と保型無限積の新クラスの発見。

▶ **ウィリアム・ティモシー・ゴワーズ**[William Timothy Gowers、1963〜、イギリス]
組合せ論を関数解析学に応用し、多くの問題を解決。特にバナッハ空間に関する等質問題の解決。シュレーダー–バーンシュタイン問題の解決。超平面問題の解決等。

▶ **マキシム・コンツェビッチ**[Maxim Kontsevich、1964〜、ロシア]
ウィッテン予想の証明等幾何学における4つの問題への貢献。

▶ **カーティス・マクマレン**[Curtis T. Mcmullen、1958〜、アメリカ]
多項式方程式のアルゴリズム、リー群の格子点分布、双曲幾何学、正則力学系等の複素力学系の研究。

▶ **アンドリュー・ワイルズ**[Andrew J. Wiles、1953〜、イギリス](特別表彰)
オックスフォード大学教授(整数論)で1994年に「フェルマーの最終定理」(3以上の自然数 n について、$x^n+y^n=z^n$ となる自然数の組 (x,y,z)

は存在しない、という定理)を証明。

2002年(北京):2名

▶ローラン・ラフォルグ[Laurent Lafforgue、1966〜、フランス]
ドリンフェルトの手法を応用してドリンフェルトの結果を一般化したことで、関数体上のラングランズ・プログラムを解決した。

▶ウラジーミル・ヴォエヴォドスキー[Vladimir Voevodsky、1966〜2017、ロシア]
ミルナー K 群からガロア・コホモロジーへのシンボル写像が同相であるとするミルナー予想を解決。

2006年(マドリード):4名

▶陶哲軒[テレンス・タオ、Terence Tao、1975〜、オーストラリア(中国系)]
偏微分方程式、組合せ数学、調和解析、加法的整数論等への貢献。

▶グリゴリー・ペレルマン[Grigori Perelman、1966〜、ロシア](本人は受賞を辞退)
ポアンカレ予想を、リチャード・S. ハミルトンの発見したリッチ・フロー(ハミルトン-ペレルマンのリッチ・フロー理論)と統計力学を用いた独創的な微分幾何学や物理学的アプローチで解決。

▶アンドレイ・オコンコフ[Andrei Okounkov、1969〜、ロシア]
ブリッジ確率論、表現論、代数幾何における貢献、ウィッテン予想の別証明、オルシャンスキー予想の解決、バイク-デイフト-ヨハンソン予想の解決、ゴパクマール-マリノ-ヴァッファ公式の証明、曲線の局所ドナルドソン-トーマス理論、ネクラソフ予想の解決等。

▶ウェンデリン・ウェルナー[Wendelin Werner、1968〜、フランス(ドイツ出身)]
確率論的レヴナー発展の開拓、2次元ブラウン運動の幾何学、共形場理論への貢献。

2010年(ハイデラバード):4名

▶エロン・リンデンシュトラウス[Elon Lindenstrauss、1970〜、イスラエル]
エルゴード理論、力学系、整数論、保型形式、量子カオス、ランダムウォーク、パーコレーション、特にリトルウッド予想の解決と数論的双曲曲面についての量子エルゴード予想の解決。

▶スタニスラフ・スミルノフ[Stanislav Smirnov、1970〜、ロシア]
パーコレーションの共形不変性の証明と統計物理学における平面イジング模型に関する功績。

▶ゴ・バオ・チャウ［Ngô Bào Châu、1972〜、フランス／ベトナム］
新たな代数幾何手法を導入し、ラングランズプログラムに関わる保型形式理論における基本補題の証明。

▶セドリック・ヴィラニ［Cédric Villani、1973〜、フランス］
偏微分方程式、数理物理学分野、特に、ボルツマン方程式とランダウ減衰に関する研究業績。

2014年（ソウル）：4名

▶マリアム・ミルザハニ［Maryam Mirzakhani、1977〜2017、イラン］（女性初）
リーマン面とそのモジュライ空間（moduli space）に関する力学系と幾何学への貢献。

▶アルトゥル・アビラ［Artur Avila、1979〜、ブラジル／フランス］
統一原理として再正規化の考えを用いて、力学系理論における場の様相を大きく変えた。動力学系の多様なクラスの中から無作為に1つを選べば、定則的またはランダムに動くことを証明した。

▶マンジュル・バルガヴァ［Manjul Bhargava、1974〜、カナダ／アメリカ］
2次多項式集合に与えられたガウスの演算法則をルービック・キューブを利用して直観的な方法で描写できることを発見し、これを発展させ、ガウスの演算法則をより次元の高い次数多項式に拡張して新たな演算法則を発見した。

▶マルティン・ハイラー［Martin Hairer、1975〜、オーストリア］
確率偏微分方程式の研究でこれまで解決不可能とされてきた問題に挑む新たな理論を創案し、大きな突破口をつくった。

2018年（リオデジャネイロ）：4名

▶コウシエール・ビルカール［Caucher Birkar、1978〜、イギリス／イラン］
ファノ多様体の有界性の証明と極小モデルプログラムへの貢献。

▶アレシオ・フィガリ［Alessio Figalli、1984〜、イタリア］
最適輸送理論とその偏微分方程式、計量幾何学、確率論への応用に寄与。

▶ペーター・ショルツェ［Peter Scholze、1987〜、ドイツ］
自ら導入したパーフェクトイド空間によりp進体上の数論幾何学を変革し、ガロア表現に応用したこと、および新しいコホモロジー理論の開発に対して。

▶ アクシェイ・ヴェンカテシュ[Akshay Venkatesh、1981〜、オーストラリア]
解析的整数論、斉次力学系、トポロジー、表現の統合により、数論的対象の等分布性などの領域における長年の問題を解決した。

(2) ネヴァンリンナ賞

ロルフ・ネヴァンリンナ賞(Rolf Nevanlinna Prize)は、1981年に国際数学連合が設けた賞で、計算機科学における優れた数学的貢献を成した研究者に贈られる賞である。4年に一度の国際数学者会議において授与され、フィールズ賞と同じく40歳以下の研究者にのみ受賞資格がある。同賞は、前年に死去したフィンランドの数学者ロルフ・ネヴァンリンナ(Rolf Herman Nevanlinna、1895〜1980)にちなんで名付けられた。受賞者には金メダルと報奨金が授与される。

これまでの受賞者を以下に示す。

1982年 ▶ ロバート・タージャン[Robert Endre Tarjan、1948〜、アメリカ]
タージャンのオフライン最小共通祖先アルゴリズムなどのグラフアルゴリズムを発見、スプレー木(平衡2分探索木の一種で、最近アクセスした要素に素早く再アクセスできるという特徴がある)とフィボナッチヒープ(計算機科学におけるデータ構造(ヒープ)の1つ、フィボナッチヒープの名前は、処理時間を解析する際にフィボナッチ数が使用された)というデータ構造を発明。

1986年 ▶ レスリー・ヴァリアント[Leslie Gabriel Valiant、1949〜、イギリス]
理論計算機科学、特に、計算複雑性理論において、#P完全性の記法を導入して、なぜ数え上げ問題が難しいのかを説明。また、機械学習の「確率的で近似的に正しい(probably approximately correct)」モデルを提唱して機械学習の理論的発展に貢献。

1990年 ▶ アレクサンドル・ラズボロフ[Aleksandr Aleksandrovich Razborov、1963〜、ロシア(旧ソビエト連邦)]

計算複雑性理論(アルゴリズムのスケーラビリティや特定の計算問題の解法の複雑性[計算問題の困難さ]などを数学的に扱う)において、基本的な下限を証明するために、あるクラスとして用いられる、自然な証明の概念を導入した。特に、そのような証明が、P ≠ NP 問題(第 1 章参照)の解を与えることができないことを、特定の種類の一方向関数が存在すると仮定し、新しい手法がこの問題を解くために必要であることを示した。

1994 年 ▶ アヴィ・ヴィグダーソン[Avi Wigderson、1956~、イスラエル]
計算機複雑性理論、並列処理アルゴリズム、グラフ理論、分散コンピューティング、およびニューラルネットワークの分野で多大な貢献をした。

1998 年 ▶ ピーター・ショア[Peter Williston Shor、1959~、アメリカ]
量子コンピュータの研究で知られ、特に従来不可能であった素因数分解を高速量子アルゴリズム(ショアのアルゴリズム)を用いて解決する方法を提唱した。

2002 年 ▶ マデュ・スーダン[Madhu Sudan、1966~、インド/アメリカ]
コンピュータサイエンスの数学的な面で、著しい業績を残した。確率的にチェック可能な証明(ランダマイズされたアルゴリズムによってチェック可能な証明の一種)する理論を発展させ、コンピュータ言語における数学的な証明を作り直す有効な方法を考案し、誤り訂正符号を開発した。

2006 年 ▶ ジョン・クレインバーグ[Jon Michael Kleinberg、1971~、アメリカ]
HITS(Hypertext Induced Topic Selection、被参照度[オーソリティスコア]と、評価の高い Web ページへの参照[ハブスコア]から、重要性の高い Web ページを抽出するアルゴリズム)を IBM に在籍中に開発した。HITS は、他の多くのもの(PageRank の場合のように)のリンクにつなげられる場合だけでなく、他の多くのものをつなぐ場合に、その Web ページまたはサイトが重要であると認める PageRank のフルスケール・モデルとして動作する、固有ベクトル・ベースの方法を基にした Web 検索アルゴリズムである。

2010 年 ▶ ダニエル・スピールマン[Daniel Alan Spielman、1970~、アメリカ]
数値計算において、グラフを基本にした符号とグラフ理論の適用のため

に、線形計画法(ある線形不等式を制約条件として目的関数と呼ばれるある線形関数の最適化を行う手法)の平滑化分析における業績。

2014年▶スバス・コート[Subhash Khot、1978～、インド／アメリカ]
彼の予想外で独創的な貢献は、計算複雑性理論の分野で未解決の問題に対する鋭い洞察を提供し、「一意ゲーム予想」(その成立はP≠NPほど強く信じられていないが、P≠NPが成り立てば、一意ゲーム予想も成り立つという含意は成り立つ)で著名。

2018年▶コンスタンティノス・ダスカラキス[Constantinos Daskalakis、1981～、ギリシア]
市場、オークション、均衡、およびその他の経済構造における基本的問題の計算複雑性の理解を変えたため、彼の研究は、効率的なアルゴリズムと、これらの分野で効率的に実行できるものの限界を与えている。

(3) ガウス賞

2006年から国際数学者会議で授与されているガウス賞(Carl Friedrich Gauss Prize)は、社会の技術的発展と日常生活に対して優れた数学的貢献を成した研究者に贈られる賞。4年に1度の国際数学者会議の開会式において授与される。

同賞は、カール・フリードリヒ・ガウス(Johann Carl Friedrich Gauss、1777～1855)の生誕225周年を記念し、2002年にドイツ数学会と国際数学連合が共同で設けた賞である。第1回授賞は2006年で、日本の伊藤清が第1号受賞となった。また、この賞にガウスの名を冠したのは、ガウスが1801年に一旦は発見されながら見失われてしまった小惑星セレスの軌道を最小二乗法の改良により突き止め、再発見を成功に導いたことが、賞の創設理由と合致していたからである。

国際数学者会議の賞は、フィールズ賞など、従来は純粋数学的業績を評価していたが、ガウス賞は社会的な影響力を重視し、数

学分野以外に与えた影響・貢献をより評価する。第 1 回受賞に輝いた伊藤清の受賞理由は、金融工学及び経済学の発展に多大な影響を与えた確率微分方程式の研究成果に対してである。そのため、実社会に広まる時間差を考慮して、フィールズ賞やネヴァンリンナ賞に見られる受賞資格の年齢制限はない。

受賞者には金メダルと賞金が授与される。本賞の基金には 1998 年にベルリンで開かれた国際数学者会議で生じた余剰金が充てられている。メダルのデザインは、表面がガウスの肖像、裏面がセレスの軌道を表す曲線と円(小惑星)、正方形(square：最小二乗法に因む)。

以下にこれまでの受賞者を示す。

2006 年 ▶ 伊藤清 [Kiyoshi Ito、1915～2008、日本]
2010 年 ▶ イヴ・メイエ [メイエール、Yves Meyer、1939～、フランス]
2014 年 ▶ スタンリー・オッシャー [Stanley Osher、1942～、アメリカ]
2018 年 ▶ デイヴィッド・ドノホ [David L. Donoho、1957～、アメリカ]

(4) チャーン賞

チャーン賞(Chern Medal)は、国際数学者会議で数学者に授与される賞の 1 つで、生涯にわたる群を抜く業績を挙げた数学者に贈られる。同賞は、陳省身(シン=シェン・チャーン、Shimg-Shen Chern、1911～2004、台湾／アメリカ)を記念して創設され、2010 年のインド・ハイデラバードの国際数学者会議で初めて施賞された。

陳省身は、20 世紀の幾何学の巨人のフランスのエリ・カルタン(Élie Joseph Cartan、1869～1951、フランス)を継ぐ 20 世紀を代表する幾何学者であり、ガウス-ボンネの定理の非常に簡単な証明

やチャーン類の発見、チャーン-ヴェイユ理論、チャーン-サイモンズ理論(数理物理学で特に重要な役割)で著名。1970年ショーヴネ賞[数学]・1975年アメリカ国家科学賞[数学]・1982年フンボルト賞[数]・1983/4年ウルフ賞数学部門・2004年ショウ賞[数理科学]を受賞。

これまでの受賞者を以下に示す。

2010年▶ルイス・ニーレンバーグ[Louis Nirenberg、1925〜、カナダ／アメリカ]
線形・非線形微分方程式への基本的な貢献と、その複素解析と幾何学への適用に関する業績。

2014年▶フィリップ・グリフィス[Phillip Augustus Griffiths、1938〜、アメリカ]
代数幾何学、微分幾何学、積分幾何学、幾何学的関数論分野での業績。特に、グリフィス理論(ホッジ構造の分類空間の理論の導入)、非特異射影空間の超曲面のホッジ構造におけるグリフィスの定理、コンパクトケーラー多様体のコホモロジーの決定、グリフィス横断性、グリフィスのアーベル-ヤコビ写像等の業績。

2018年▶柏原正樹[Masaki Kashiwara、1947〜、日本]
代数解析学と表現論へのほぼ50年にわたる基礎的で際立った貢献。

以下、各国の数学賞を紹介するが、受賞者は附録に掲載する。

2.1.2　アーベル財団の賞

ノルウェー政府は、ノルウェー出身の偉大な数学者ニールス・アーベル(Niels Henrik Abel、1802〜1829)の生誕200年(2002年)を記念して、ノルウェー政府が創設したニールス・ヘンリック・アーベル基金から、顕著な業績をあげた数学者に対して贈られる賞を創設した。また、発展途上国の数学者を顕彰するラマヌジャン賞をその後創設に加わった。

(1) アーベル賞

　毎年、ノルウェー科学文学審議会によって任命された5人の数学者からなる委員会が、受賞する人物を決定する。賞金額は、隣国スウェーデンのノーベル賞に匹敵し、数学の賞としては最高額である。この賞の主な目的は、数学の分野における傑出した業績に国際的な賞を与えることであり、社会における数学の地位を上げることや、子供や若者の興味を刺激することを目的としている。

　2003年4月、初めての受賞者が公表され、ジャン=ピエール・セールに贈られることに決まった。1936年から4年に1度、40歳未満の数学者に贈られるフィールズ賞との違いは、毎年実施され、年齢を問わず、数学全般に関わる重要な業績を残した数学者に対して贈られる賞であることと賞金総額が高額(約1億円)であることである。この高額な賞金額から見ても、その性格はフィールズ賞よりもノーベル賞に近いものとなっている。(受賞者一覧は附録186ページ)

(2) ラマヌジャン賞

　ラマヌジャン賞は、アーベル基金が創設した数学の分野において傑出している研究を行った発展途上国の45歳未満の研究者に贈られる賞。賞の名前は、19世紀のインドの伝説的な数学者であるシュリニヴァーサ・ラマヌジャン(Srinivasa Aiyangar Ramanujan、1887〜1920)に因んで命名。発展途上国の若手数学研究者にスポットを当てることを目的に2005年に創設。国際数学連合(IMU)と国際理論物理学センター(ICTP)によって任命された5名の著名な数学者から構成される委員会が毎年受賞者を選定し、発表する。受賞者は基本的には個人を対象とするものの、共同研究などにより、内容によっては複数人が受賞できる。

受賞賞金は 10000 ドル。賞金はアーベル基金が拠出し、受賞者は ICTP において受賞した理論の講演を行うこととされている。なお、インド科学アカデミーが独自に創設した SASTRA ラマヌジャン賞とは別の賞である。（受賞者一覧は附録 187 ページ）

2.1.3 アメリカ数学会の賞

アメリカ数学会の中で、最も権威のある賞として以下に示す幾何学のヴェブレン賞、代数学・数論のコール賞、解析学のボッチャー賞、学術へのスティール賞がある。

（1）ヴェブレン賞

1920 年代にアメリカ数学会会長を務め、プリンストン大学高等研究所設立に貢献するなど多くの数学者の活躍の場を広げたオズワルド・ヴェブレン（Oswald Veblen、1880～1960）に因んで、オズワルド・ヴェブレン幾何学賞（Oswald Veblen Prize in Geometry）がアメリカ数学会から贈られることとなった。一般に「ヴェブレン賞」と略して呼ばれる。同賞は、幾何学に関する研究において、過去 6 年間にアメリカの数学誌に掲載された最も優れた論文の著者に対して授与される。現在の賞金は 5000 ドルで、アメリカ数学会会員にのみ受賞資格がある。歴代の受賞者にはフィールズ賞受賞者も含まれ、その受賞基準の厳しさから、代数部門と数論部門のコール賞と同様に、数学界における最も栄誉ある賞の 1 つとされる。（受賞者一覧は附録 187 ページ）

（2）コール賞

アメリカ数学会から贈られる賞の 1 つのフランク・ネルソン・コール賞（Frank Nelson Cole Prize）は、代数部門と数論部門の 2

つから成り、過去6年間にアメリカの数学誌に掲載された最も優れた論文の著者に対して授与される。メルセンヌ数の因数の発見などでアメリカを代表する代数学、数論を専門としたフランク・ネルソン・コール(Frank Nelson Cole、1861～1926)に因んだ賞。現在の賞金は5000ドルで、アメリカ数学会会員にのみ受賞資格がある。幾何学のウェブレン賞と同様に歴代の受賞者にはフィールズ賞受賞者も含まれ、その受賞基準の厳しさから数学界における最も栄誉ある賞の1つに数えられる。

25年間にわたりアメリカ数学会事務局長を務めたフランク・ネルソン・コールの引退に際し、彼の功績を称えて設立された。賞金は、コールの退職金を基金としている。(受賞者一覧は附録189ページ)

(3) ボッチャー記念賞

ボッチャー記念賞(Bôcher Memorial Prize)は、マクシム・ボッチャー(Maxime Bôcher、1867～1918)を記念して、アメリカ数学会が1923年に創設した賞。初期の基金1450ドルは学会の会員の寄附。受賞は5年ごとで、過去6年間にアメリカの学術誌に載った、もしくは学会会員が著した優れた解析学の論文に対して送られる。規約は1971年に制定され、1993年に改定された。現在の賞金額は5000ドルに増額されている。(受賞者一覧は附録194ページ)

(4) スティール賞

リロイ・スティール賞(Leroy P. Steele Prizes)は、アメリカ数学会から贈られる数学の学術賞で、「スティール賞」と略して呼ばれる。1970年に創設され、1993年以降は「生涯の業績部門」「研

究論文部門」「独創的研究部門」の3部門が設けられた。受賞者は、原則として国籍と関係がないが、アメリカにおいて活動しており、英語による研究業績が求められる。賞金は、「生涯の業績部門」が10000ドル、「研究論文部門」と「独創的研究部門」が5000ドル。資産家だったリロイ・スティールの遺産を基金としている。(受賞者一覧は附録195ページ)

2.1.4　ウルフ賞数学部門

　優れた数学者が世界で活躍しているユダヤ系の本国であるイスラエルには、ウルフ賞が存在感を発揮している。ウルフ賞(Wolf Prize)は、1975年にイスラエルに設立されたウルフ財団(ドイツ出身のユダヤ系キューバ人発明家で元キューバの駐イスラエル大使であったリカルド・ウルフが1975年に設立したイスラエルの民間非営利組織)によって優れた業績をあげた科学者、芸術家に与えられる賞。1978年から授与が開始され、農業、化学、数学、医学、物理学、芸術の6部門があり、賞金は、10万ドル。ノーベル賞の前哨戦と言われ、ウルフ賞受賞者がノーベル賞を受賞することが多い。ウルフ賞数学部門は、ウルフ賞の一部門で、優れた業績を上げた数学者に与えられる賞である。日本人もこれまで、3人が受賞している。(受賞者一覧は附録201ページ)

2.1.5　SASTRA ラマヌジャン賞

　インドの現代数学で、天才として名を残したシュリニヴァーサ・ラマヌジャンの故郷のクンバコナムにあるSASTRA(インド科学アカデミー)大学の制定する賞。ラマヌジャンと同分野で優れた業績をあげた32歳以下の若手研究者に、2005年から毎年ラマヌジャンの誕生日の12月22日に贈られている。賞金は10000

ドル。同年アーベル基金の創設したラマヌジャン賞とは別である。
（受賞者一覧は附録 203 ページ）

2.1.6　オストロフスキー賞

　国際色豊かなオストロフスキー賞は、バーゼル大学、ヘブライ大学、ウォータールー大学、デンマークとオランダのアカデミーの大学の国際審員により審査された優れた数学の成果に対して、毎年与えられる数学賞である。長年バーゼル大学の教授であったアレクサンドル・オストロフスキー（Alexander Markowich Ostrowski、1893〜1986)は、純粋数学と数学の卓越した業績に対する賞を授与するために財産を残した。受賞者には 10 万スイス・フランが授与される。（受賞者一覧は附録 204 ページ）

2.1.7　ドイツ数学会のカントール・メダル

　ドイツ数学会が授与するカントール・メダル（Cantor medal）は、ゲオルク・カントール（Georg Ferdinand Ludwig Philipp Cantor、1845〜1918）の功績を称える賞である。ほぼ 2 年に 1 度、同学会による年次総会の間にドイツ語を解する数学者に贈られる。カントールは集合論の創始者で、自然数と実数の間に全単射が存在しないことを対角線論法によって示す一方、$\mathbb{R}$ と $\mathbb{R}^2$ の間に全単射が存在することを証明した。連続体仮説に興味を持ち研究を続けたが、存命中に成果は得られなかった。（受賞者一覧は附録 204 ページ）

2.1.8　キャロル・カープ賞

　1972 年に早逝した論理学者キャロル・カープ（Carol Karp、1926〜1972）を記念して設立されたキャロル・カープ賞（Carol

Karp Prize)は、記号論理学会(Association for Symbolic Logic)より授与される賞の1つで、5年に一度、数理論理学における最も卓越した論文・著書に対し贈られる。なお、この賞は研究者ではなく業績に対して授与されるので、同一人物が複数回受賞することが可能である。数理論理学・数学基礎論分野における最も栄誉ある賞とみなされている。(受賞者一覧は附録205ページ)

2.1.9 スウェーデン王立科学アカデミーが関与する数学の賞

ノーベル賞で有名なスウェーデン王立科学アカデミーは、数学を含む他分野における学術芸術分野で顕彰に関与している。その中で、特に数学分野で権威のあるクラフォード賞とショック賞とが、有名である。

(1) クラフォード賞

クラフォード賞(Crafoordpriset)は、ホルガー・クラフォード(人工腎臓の発明者)及び、彼の妻アンナ=グレタ・クラフォードによって1980年に設立された賞で、スウェーデン王立科学アカデミーが顕彰に関わり、ノーベル賞が扱わない科学領域を補完する目的がある。分野は、天文学と数学、地球科学、生物科学(環境や進化の分野)をカバーしている。財源を出資した資産家が関節炎に苦しんでいた経緯から、関節炎の研究で進歩をもたらした研究は特に賞の対象になることがあり、実際に2000年以降では4年に1度程度の頻度で関節炎に関する研究者が表彰されている。

毎年、1つの分野に授賞される。賞金は50万ドルであり、受賞者が研究資金を得ることによって研究の更なる進歩を促進を意図しており、数学は約6～7年周期で受賞者が選出されている。(受賞者一覧は附録205ページ)

(2) ショック賞(数学分野)

ショック賞(Schockprisen)は、哲学者であり芸術家でもあったロルフ・ショック(Rolf Schock、1933〜1986)の遺志により創設された賞で、「論理学・哲学」「数学」「視覚芸術」「音楽芸術」の4部門があり、受賞者はスウェーデン王立科学アカデミーが各部門ごとに組織する選考委員会によって決定される。受賞者には40万スウェーデン・クローナが贈られる。1993年にスウェーデンのストックホルムで授賞式が行われて以来、当初は2年毎、現在は3年毎に顕彰されている。(受賞者一覧は附録206ページ)

2.1.10 アメリカのクレイ数学研究所のクレイ研究賞

クレイ数学研究所(第1章のミレニアム問題参照)が毎年授与する数学の賞がクレイ研究賞で、対象となるのは優れた業績をあげた数学者である。アーベル賞やウルフ賞などと違い比較的若い数学者も多数受賞している。(受賞者一覧は附録206ページ)

2.1.11 サックラー・レクチャー

サックラー・レクチャー(Sackler Distinguished Lectures)は、サックラー財団によって1980年に創設された、数学者の顕彰行事で、毎年1回、世界から傑出した数学者が原則として1名だけ選ばれ、サックラー・レクチャラーとして連続講演をテル・アビブ大学で行うこととなっている。

歴代サックラー・レクチャラー20人のうち、フィールズ賞・ネヴァンリンナ賞・アーベル賞・ウルフ賞の受賞者が17人を占める。その選考水準の厳しさから、サックラー・レクチャラーに選ばれることは、数学者として最高の栄誉の1つとなっている。この賞は、レイモンド・R.サックラー博士とその妻ビヴァリーの寄附に

よって創設されたレクチャーなので、その名を冠としている。同氏は、科学研究の支援で有名なフィランソロピスト(利他的活動や奉仕的活動を行う)で、スミソニアン博物館のサックラー美術館やハーバード大学の Sackler Museum で著名なアーサー・M. サックラーとは兄弟である。(受賞者一覧は附録208ページ)

2.1.12 ショウ賞

高額賞金のショウ賞(Shaw Prize、邵逸夫奬)は、香港の映画・メディア王のショウ・ブラザーズのランラン・ショウ(邵逸夫)によって2004年に創設された科学の賞で、天文学賞、生命科学および医学賞、数学賞の3部門からなり、賞金は100万ドルである。(受賞者一覧は附録209ページ)

2.1.13 イギリス王立協会のシルヴェスター・メダル

伝統あるシルヴェスター・メダル(Sylvester Medal)は、1880年代にオックスフォード大学の幾何学教授だったジェームス・ジョゼフ・シルベスター(James Joseph Sylvester、1814〜1897)に因んだ賞で、イギリス王立協会が、授与する数学の研究に関する銅メダルである。現在は、1000ポンドの賞で、1897年の彼の死後、シルベスターの友人であったラファエロ・メルドラを中心とするグループによって提案され、1901年から続いている。従来は3年おきに900ポンドが与えられたが、王立協会は2009年以降、2年おきに授与すると発表した。

2016年までに授与された41のメダルの国籍別内訳は、王立協会が授与することからイギリス人数学者が選ばれることが主体となっており、イギリス人が31、フランス人が2、ニュージーランド人、ドイツ人、オーストリア人、ロシア人、イタリア人、スウ

ェーデン人、アメリカ人、オーストラリアが各1となっている。
（受賞者一覧は附録209ページ）

2.1.14 ブレークスルー賞

IT企業家たちによる高額賞金のブレイクスルー賞(Breakthrough Prize)は、自然科学における国際的な学術賞で、基礎物理学ブレイクスルー賞(2012年創設)、生命科学ブレイクスルー賞(2013年創設)、数学ブレイクスルー賞(2014年創設)の3部門から成る。資金を提供したのは、Googole社の創業者のセルゲイ・ブリンとアン・ヴォジツキ夫人、Facebook社創業者マーク・ザッカーバーグとプリシラ・チャン(陳慧嫺)夫人、ロシア系ユダヤ人でモスクワ大学で理論物理学専攻後物理学者になったが、その後、投資事業へ転身し、Facebook社への投資などシリコンバレー屈指の投資家となったユーリ・ミルナーとジュリア・ミルナー夫人、中国アリババ社創業者のジャック・マーとキャシー・チャン(張瑛)夫人である。各賞とも総額300万ドル(約3億円)が贈られる。また、若手数学者に贈られるニューホライゾン数学賞(New Horizons in Mathematics Prizes)があり、賞金総額10万ドル(約1000万円)とがある。

(1) 数学ブレイクスルー賞

特に、数学ブレイクスルー賞(Breakthrough Prize in Mathematics)は、ユーリ・ミルナーの提唱により2014年に創設されたブレイクスルー賞の一部門の学術賞で、非営利団体「数学ブレイクスルー賞財団(Breakthrough Prize in Mathematics Foundation)」により毎年賞金は300万ドルが授与される。（受賞者一覧は附録211ページ）

(2) ニューホライゾン数学賞

同賞は、若手の研究者に贈られるもので、賞金総額 10 万ドルである。(受賞者一覧は附録 211 ページ)

2.1.15　ド・モルガン・メダル

ド・モルガン・メダル(De Morgan Medal)はロンドン数学会より贈られる数学賞。3 年ごとの 1 月 1 日に、主にイギリス在住の数学者に授与される。同協会の最も有名な賞であり、初代会長であったオーガスタス・ド・モルガン(Augustus de Morgan、1806～1871)を追悼して設けられた。(受賞者一覧は附録 212 ページ)

2.1.16　ファルカーソン賞

アメリカのファルカーソン賞(The Fulkerson Prize for outstanding papers in the area of discrete mathematics)は、数理計画学会(Mathematical Programming Society: MPS)とアメリカ数学会(AMS)が共催し、離散数学の分野で優れた論文に贈られる賞である。3 年に一度開催される MPS の国際シンポジウムで最大 3 組までに授与され、賞金は 1500 ドルで、受賞対象は世界の同分野の研究者である。(受賞者一覧は附録 213 ページ)

2.1.7　ポアンカレ賞

ポアンカレ賞(Henri Poincaré Prize)は、アンリ・ポアンカレ(Jules-Henri Poincaré、1854～1912)に因んで、数理物理学に大きな貢献した学者を称える賞である。1997 年から 3 年ごとに国際数理物理学協会(International Association of Mathematical Physics)で授与されている。授賞式は世界数理物理学人会(International Congress on Mathematical Physics)の中で実施されている。

(受賞者一覧は附録214ページ)

2.1.18 ボーヤイ賞

ボーヤイ・ヤーノシュ国際数学賞(Bolyai János Nemzetközi Matematikai Díj, János Bolyai International Mathematical Prize)は、ハンガリー科学アカデミーより授与される数学賞。一般に「ボーヤイ賞」(Bolyai-díj, Bolyai Prize)と略される。5年に1度、過去10年間に出版された最も優れた数学のモノグラフの著者に対して授与される。現在の賞金額は25000ドル。

1902年、ハンガリーのトランシルヴァニア(現ルーマニア領)出身のハンガリー人数学者ボーヤイ・ヤーノシュ(Bolyai János、1802〜1860)の生誕100周年を記念し、彼の功績を称える目的で設立された。第1回はポアンカレが、第2回はヒルベルトが受賞し、その受賞者の顔ぶれから当時最高の数学賞とみなされていたが、その後、世界大戦による混乱等で長らく途絶えていた。2000年、ハンガリー科学アカデミーは賞を復活させ、100年の時を超えて第3回ボーヤイ賞はサハロン・シェラハに贈られた。(受賞者一覧は附録214ページ)

2.1.19 ポリヤ賞

ポリヤ賞(George Pólya Prize)は、アメリカの応用数理学会(Society for Industrial and Applied Mathematics)により授与される数学賞。1969年に設立され、ハンガリーの数学者ジョージ・ポリア(George Pólya、1887〜1985)に因んで名づけられた。「組合せ論の顕著な応用」と「ジョージ・ポリアが関心を持ったその他の分野での顕著な功績」に対して、現在は偶数年に授与されている。(受賞者一覧は附録215ページ)

2.1.20 ヨーロッパ数学会賞

ヨーロッパ数学会賞（European Mathematical Society Prize）とは、ヨーロッパ数学会主催により4年に1回行われるヨーロッパ数学者会議において、10人の若手数学者に贈られる賞である。受賞資格は、ヨーロッパ数学会に所属する各国の数学会の会員であること、また年齢制限があり1992年、1996年、2000年は32歳以下の数学者に贈られた。2004年からは、35歳以下の数学者に対して贈られることになった。賞金額も以前は6000ユーロであったが、2004年からは5000ユーロである。1992年に創始された日の浅い賞ではあるが、受賞者のうち9名がフィールズ賞を受賞している。（受賞者一覧は附録215ページ）

2.2 数学者に贈られる日本の賞

日本の数学の賞は、主として、日本数学会と日本応用数理学会における研究活動に対して贈られる。また、学術研究活動全般に対しては、権威のある日本学士院賞、文化勲章がある。国際的な賞としては、京都賞がある。ここでは、日本数学会、日本応用数理学会、京都賞について、数学、数理科学分野における賞の概要について述べる。（受賞者一覧は附録を参照のこと。）

2.2.1 日本数学会の賞

日本数学会の賞としては、若手研究者向けの春季賞、年齢制限のない秋季賞、分野別の幾何学賞、代数学賞、解析学賞が主な賞である。このはかにも、若手研究者奨励のための建部賢弘賞、数学会の活性化のために尽力された個人・団体に贈られる関孝和賞、

2013年度に創設された応用数学研究奨励賞などもある。

(1) 春季賞（旧彌永賞）

春季賞(しゅんきしょう)は、日本数学会から贈られる数学の学術賞である。前身は彌永賞で、日本数学会会員で40歳未満の優れた業績を上げた数学者に毎年贈られる。副賞も授与され、毎年春に行われる日本数学会年会にて授賞式と受賞講演が行われる。日本数学会において最も権威を持つ賞の1つである。40歳未満の優れた業績を上げた数学者に授与されるということで、日本版フィールズ賞の位置づけである。（受賞者一覧は附録217ページ）

(2) 秋季賞

秋季賞は、日本数学会から贈られる数学の学術賞で、日本数学会会員で優れた研究を行った数学者またはグループに年齢の制限なく毎年贈られる。副賞も授与され、秋季総合分科会の開催時に授賞式と受賞講演が行われる。日本数学会において最も権威ある賞である。（受賞者一覧は附録218ページ）

(3) 幾何学賞

日本数学会幾何学分科会が授与する幾何学賞は1987年に創設され、幾何学（微分幾何、トポロジー、代数幾何など）において著しい業績をあげた人物、および長年にわたり幾何学の発展に貢献した人物に贈られる。毎年2件以内。共同研究も受賞業績として認めている。（受賞者一覧は附録219ページ）

(4) 代数学賞

代数学賞は日本数学会代数学分科会の学術賞であり、広い意味

での代数学の進展を通して数学の発展に寄与した研究者に贈られる賞である。毎年1名から2名が授賞する。1998年創設。(受賞者一覧は附録221ページ)

(5) 解析学賞

日本数学会の解析系5分科会(函数論分科会、函数方程式論分科会、実函数論分科会、函数解析学分科会、統計数学分科会)により設けられた「解析学賞委員会」が、解析学および解析学に関連する分野において、著しい業績をあげた人に授与する賞である。毎年3件以内。2002年度から本賞が授与されている。(受賞者一覧は附録222ページ)

2.2.2　日本応用数理学会の賞

日本応用数理学会で主な賞として業績賞があるが、これは、応用数理分野において、顕著な業績をあげたものを表彰し、応用数理研究および日本応用数理学会のさらなる発展をはかることを目的としている。業績賞には、A. 理論を重点とするもの、B. 応用を重点とするもの、2つの分類からなる。

日本応用数理学会には、この他に論文賞(理論部門、ノート部門、JJIAM[Springer発行：Japan Journal of Industrial and Applied Mathematics JJIAM]部門)とベストオーサー賞(論文部門、インダストリアルマテリアルズ部門)とがあり、1994年度から授与されている。(受賞者一覧は附録223ページ)

2.2.3　京都賞

本賞は、1984年に稲盛和夫(京セラ創業者名誉会長)氏が設立した公益財団法人稲盛財団の創設した日本発の国際賞である。1984

年に創設され、翌85年に顕彰を開始した。毎年、「先端技術部門」「基礎科学部門」「思想・芸術部門」の3部門4授賞対象分野の専門領域において優れて顕著な功績を残した人物を讃え、京都賞メダル、ディプロマ(妙心寺管長が揮毫した賞状)、賞金1賞につき1億円が贈られる。(受賞者一覧は附録224ページ)

2.3 藤原洋数理科学賞の設立と数学への個人的な想い

　以上に概観したように、海外にも日本にも数学者に贈られる賞は、既に多く存在する。そこに共通しているのは、多くの場合、「内から見た数学の賞」だという点である。多くの学術研究分野と同様に学会賞に代表されるいわば「身内向けの賞」である。それは当然、学術研究においては重要である。しかし、藤原洋数理科学賞においては、数学を創る側と創られた数学の社会における価値を理解してもらうために、授賞式でひとりひとりの受賞者が直接わかりやすい言葉で一般向けの講演会が行われているところに特徴がある。そこで、本数理科学賞設立の背景とその賞への個人的な想いを以下に述べることとする。

2.3.1　「藤原洋数理科学賞」の設立の背景

　「藤原洋数理科学賞」の設立の背景を簡単に説明しよう。そこには、私と当時東京大学大学院数理科学研究科長であった桂利行氏との出逢いがあった。場所は日本経団連ホール、私の会社もいちおう経団連(日本経済団体連合会)に加盟している。日本経団連と東京大学との間に産学連携協議会という会合があり、年に一度交流会を実施している。東大からは、総長、総長室スタッフ、各

2 藤原洋数理科学賞を創設した理由――数学への個人的な想い

学部長、研究科長が参加し、経団連企業は代表者が出席する。私もその会に参加して、桂教授と歓談させて頂く機会があった。総じて、他の企業の社長は数学の話題はあまりなかったように思えたが、私は数学に強い関心があったので、話が盛り上がった。その後、東大駒場にある数理科学研究科へもお邪魔し、結果として、私が2006年秋から東大に客員教授として出向いて「インターネット数理科学」の講義をすることとなった。この講義は3年間続くこととなり、その間に今も行われている夏休み合宿研究会を、玉原高原（群馬県沼田市）にある東京大学玉原国際セミナーハウスにて実施することとなった。そこで、私から「日本の国力を強化する最善の方策は、国民の数学力を高めることだ」という意見を述べたところ、桂教授をはじめとする数学者の皆さんからも賛同を得ることができた。では、具体的に何をするかという話になり、フィールズ賞という最高峰の賞があるが、あれは40歳未満という年齢制限があり、日本の数学者は過去に3人選ばれただけで、国力増強にはつながっていないという共通認識を得た。「では、新たに賞を作りましょうか？」ということとなり、数学者で社会に影響を与えた人を表彰して、数学がいかに社会に役立っているかというメッセージを発信しようということとなった。桂教授からは、日本で数少ないフォールズ賞受賞者の森重文氏を審査員に招こうというアイデアが出され、それはいいアイデアだということとなり、主として、東大数理科学研究科教授のコミュニティを中心に、京都大、東北大、名古屋大、九州大、慶應義塾大などの研究者にも声をかけることで審査委員会の骨格が固まった。2011年の夏のことである。そして、2012年から表彰が始まった。

　「藤原洋数理科学賞」が設立された背景を理解してもらうために、設立に最も尽力されて現在も審査委員長を務めて頂いている

桂利行東大名誉教授・法政大学理工学部教授の当時の日本数学会に投稿された文章を引用させて頂くこととする。

『藤原洋数理科学賞の設立』

桂 利行（法政大学理工学部）
2012年9月30日　日本数学会

最近，数学・数理科学を産業界あるいは社会問題に応用しようという動きが活発になっている．数学応用の観点から功績のあった研究者を顕彰するため，国際数学者連合はガウス賞を設立したが，その第一回受賞者に伊藤清京都大学名誉教授が選ばれたことは記憶に新しい．日本でも，文部科学省科学技術政策研究所は「忘れられた科学———数学」というレポートを2006年に発表し，数学を応用するための方策を模索している．これと呼応するかのように，日本科学技術振興財団(JST)は，チーム型の戦略的創造研究推進事業CRESTに数学のテーマを採択し，数学応用を目指したプロジェクトを展開している．国立大学法人においても，数学の応用を模索して，様々な試みがなされている．

このような状況の下，インターネット総合研究所(IRI)の藤原洋所長から，数学のさらなる応用を探り社会の活性化に資するため，数学・数理科学(情報数学を含む)の分野に対する藤原洋数理科学賞設立のご提案をいただいた．授賞対象は現実社会に有益な応用を有する数学の理論を構築した研究者，あるいは社会の発展のために有用な数学の応用を見出した研究者であり，このような業績に対し，大賞1件，奨励賞1件を授与し，社会への貢献を顕彰することを目的にしている．この事業によって，数学・数理科学の応用を見出す研究がますます活性化し，人類社会の発展に大きく寄与することが期待される．

このように、日本数学会の後援が決まり、その後、日本応用数理学会の後援も決まり、2012年秋から授賞式が始まった。これまで、以下の方々が、受賞されている。

【第 1 回】(2012 年)
大賞
▶小澤正直[名古屋大学大学院情報科学研究科]
　量子情報理論の数学的基礎付け
奨励賞
▶平岡裕章[九州大学マス・フォア・インダストリ研究所]
　トポロジーと力学系理論の情報通信・生命科学等への応用
▶蓮尾一郎[東京大学大学院情報理工学研究科]
　圏論的代数・余代数の理論による計算機システムの形式的検証

【第 2 回】(2013 年)
大賞
▶水藤 寛[岡山大学大学院環境生命科学研究科]
　数理科学を用いた大動脈血流に関わる病態メカニズムの研究
奨励賞
▶千葉逸人[九州大学マス・フォア・インダストリ研究所]
　結合振動子系における蔵本予想の解決
▶谷川眞一[京都大学数理解析研究所]
　離散最適化理論に基づく組合せ剛性理論の展開

【第 3 回】(2014 年)
大賞
▶松本 眞[広島大学大学院理学研究科数学専攻]
　疑似乱数メルセンヌ・ツイスターに関する研究
奨励賞
▶三浦佳二[東北大学大学院情報科学研究科]
　幾何学と統計学を応用した脳情報処理機構の解明

【第 4 回】(2015 年)

大賞

▶楠岡成雄［東京大学名誉教授］

　確率的手法による数理ファイナンスへの貢献

奨励賞

▶藤原宏志［京都大学大学院情報学研究科］

　生体中の近赤外伝播シミュレーションの数値的手法

【第 5 回】(2016 年)

大賞

▶岡本 久［京都大学数理解析研究所］

　数理流体力学のフロンティアの開拓

奨励賞

▶Daniel Packwood［京都大学大学院理学研究科］

　数理科学による物質の機能・構造相関の研究

【第 6 回】(2017 年)

大賞

▶砂田利一［明治大学総合数理学部］

　ダイアモンドツイン K4 格子の発見

奨励賞

▶富安亮子［山形大学理学部数理科学科］

　新しい粉末指数づけアルゴリズムの研究

▶大林一平［東北大学材料科学高等研究所］

　パーシステントホモロジー応用開発

【第 7 回】(2018 年)

大賞

▶新井仁之［早稲田大学教育・総合科学学術院教育学部］

　数理視覚科学と非線形画像処理の新展開

奨励賞

▶柏原崇人［東京大学大学院数理科学研究科］

　非圧縮流体の方程式に対する数値解析における厳密な数理的手法の開発

2.3.2 「藤原洋数理科学賞」の設立への想い

　本書の題名にあるように、私は、「数学力で国力が決まる」と確信している。しかも、数学的思考を行いそれを検証することに、高価な実験設備や観測設備は不要である。人間の頭脳だけで事は足りるのである。この点は、極めて重要な点である。しかしながら、これまでの数学者を顕彰する賞は、国内外の数学会による賞を除くと非常に限られているために、数学者の研究活動を多くの人々はほとんど知らないというのが現状である。

　日本という国は、明治維新から近代国家を建設するまでの時代と、第二次大戦の戦後復興の時代と二度にわたって、欧米のキャッチアップ体制を整備し、先進国の仲間入りを果たした。しかし日本は、先進国の仲間入りを果たした途端に、凋落の道を二度にわたって歩んでいる。第二次大戦後とバブル経済の崩壊後である。国家の財政レベルで言うと、GDPの2倍以上の国債発行は危険水域で、日本の第二次大戦の莫大な戦費を調達する時と、今日で二度目である。

　私は、この二度にわたる日本の現代史で起こった状況に想いを馳せることが多い。明治維新後の近代化と戦後復興を成し遂げた日本の奇跡は、何も奇跡でもなく大和魂のような精神論でもない。そこにあったのは、数学者を先導者とする「数学力」を磨き続けていた日本国民の姿があったからだと考えている。私の「藤原洋数理科学賞」の設立に対する想いは、日本が世界の先進国の一員として、世界に貢献できる知力を持った国になって欲しいということにある。

3

数理科学が拓く
ニッポンの未来

本章では、藤原洋数理科学賞創設の意義、すなわち「数学力」が、次なる日本の未来に何をもたらすことになるのかという将来展望について述べてみたい。そこで、第1.1.2項で述べた人類の歴史における3つの革命論の視点の中で、ミクロレンジの「4段階革命論」を前提とする。すなわち、「第1次産業革命」(動力革命：紡績機械、蒸気機関、石炭製鉄)、「第2次産業革命」(重化学工業革命：内燃機関、発送電)、「第3次産業革命」(デジタル情報革命：通信、半導体、コンピュータ)、「第4次産業革命」(デジタルトランスフォーメーション革命：IoT、ビッグデータ、AI)である。これまで「数学」が、「産業(工業)革命」を推進する重要な役割を担ってきたことは、第1章で既に述べたが、第3章では、最初に現在進行形の「第4次革命」の主役である「コンピュータから見た数学」について述べることとする。このコンピュータの発明が、今も世界を変え続けている。本章では最初に「コンピュータ」と「現代数学」について述べた後、最後に「第4次産業革命」の担い手の1人として藤原洋数理科学賞を創設した意義について述べることとする。

3.1 「数学」から生まれた「コンピュータ」

　私がコンピュータについて始めた勉強し始めたのは、1969年の中学3年生の時だった。動機は、アポロ11号による人類初の月面着陸の成功だった。報道によると、これを可能にしたのは宇宙ロケットとコンピュータの存在だという。そこで、宇宙、ロケット、コンピュータに関する書籍を買い求め、夢中になって読んだのを覚えている。当時、これら3つのジャンルの書籍は、順番に

「科学」「工学」「情報」について書かれていた。その時初めて、コンピュータとは「計算する機械」というよりも「情報を扱う機械」であるという新鮮な認識に至ったことを鮮明に覚えている。

3.1.1 「コンピュータ」とは何か？

この新鮮な認識以来、私は、コンピュータ（Computer）とは数値計算に限らず、文字などの情報を処理する機械と理解するようになった。そしてコンピュータは、人間がプログラムすることで、様々な動作をする（入力に対して出力する）プログラム内蔵方式のディジタルコンピュータであると認識している。従来は、存在していたアナログ計算機が「量」(物理量)によって計算を行うのに対して、ディジタルコンピュータは、数によって「計数的」に情報を扱う。1940年代に最初の実用ディジタルコンピュータが登場して以来、コンピュータ技術は、現在のところ基本的にノイマン型の構成を受け継いでいる。すなわち今日のコンピュータは、ヒルベルトが最も優秀な数学者の1人と認めたフォン・ノイマンの発明によるノイマン型コンピュータなのである。

ノイマン型コンピュータ（図3-1、次ページ）は、基本的には演算部(MPU)と主記憶装置(メモリ) 2つからなる。入力に対して演算結果が出力される。プログラムは、コンピュータの動作手順を記述したもので、単一の動作を指定する「命令」の発令順序を示す。このプログラムをあらかじめメモリに記憶させておき、順番に読み出して、命令を実行する仕組みとなっている。命令は、人間の言語に比べるとかなりシンプルだが、曖昧さは一切ない。コンピュータ内部で、命令は二進コード(1,0の組合せ)で表現される。例えば、インテルのマイクロプロセッサでの「コピー命令」は、10110000で、特定の命令セットをコンピュータの機械語と呼

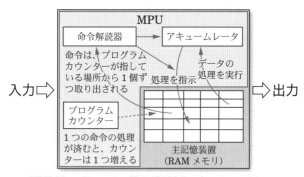

MPU:Micro Processing Unit/ RAM:Random Access Memory

図3-1　ノイマン型コンピュータ

ぶ。実際には、人間がコンピュータへの命令を行うには、言葉に近い高級プログラミング言語を使う。プログラミング言語で書かれた命令が、インタプリタ(1回ごとに翻訳を行う)やコンパイラ(事前に一括して翻訳を行う)と呼ばれる上位コンピュータプログラムによって自動的に機械語翻訳され実行される。

以上のような仕組みは、プログラミング次第で、「計算」だけではなく、「検索」や「翻訳」など極めて多くの目的に利用することが出来る。このような仕組みを考え出せたのも、「ユーザーからの要求」と「数学の知恵」とが協調できたことにある。以下に、この時代からの要求と数学の知恵との協調をコンピュータの歴史から読み解いてみたい。

3.1.2　コンピュータの歴史

今もなお、コンピュータの技術革新は留まる気配がなく、社会を変え続けている。その最大要因は、次に示すコンピュータの歴

史の中にある 1965 年に発表された「ムーアの法則」の存在である。同法則は、大規模集積回路［LSI］の製造・生産における長期傾向について論じた指標の 1 つで、経験則に類する将来予測である。アメリカ・インテル社の創業者の 1 人で、私も面識のあるゴードン・ムーア（1929〜、図 3-2）が 1965 年に自らの論文上に示したのが最初であり、その後、IT 業界発展の法則として広まった。最も有名な公式は、集積回路上のトランジスタ数は「18 か月（＝ 1.5 年）ごとに倍になる」というものである。現在は、若干スローダウンしているが、大体 2 年で集積度も演算速度も 2 倍になるというもので、約 10 年で $2^5 = 32$ 倍になる。20 年では約 1000 倍になり、ますます社会を大きく変える原動力となっている。

それでは、この 1965 年のムーアの法則に至る紀元前 2000 年から脈々と続く、数学者によって発明されてきたコンピュータの歴史を概観してみる。この歴史から分かるように、エレクトロニクスが登場する前の機械式計算機を工夫して開発したのは、パスカルやライプニッツなど数学者だった。また、エレクトロニクスの

図 3-2　インテルの創業者の 1 人のゴードン・ムーア氏（左）と著者

登場と共に、今日のコンピュータの根本的な原理である「プログラム内蔵方式」(メインメモリに置かれたプログラムを実行する、という、コンピュータ・アーキテクチャの方式の1つ)は、前述のごとく数学者のフォン・ノイマンらによって1945年に考案されている。

- ▶紀元前2000年頃　古代数学の起源とされる古代バビロニアに、人類最古の手動式デジタル計算器(アバカス)、および中国の算盤(ソロバン)が発明された。古代ギリシアに伝来したのは紀元前300年、日本には1400年頃とされている。
- ▶紀元前150〜100年　古代ギリシア人によって作られたアンティキティラ島(ギリシアのペロポネソス半島とクレタ島との間に所在する地中海上の島)の計算機(天体運行計算のために作られたと推定)は、現在知られている世界最古のアナログ計算機だと考えられている。
- ▶1620年　イギリスの数学者のエドモンド・ガンター(1581〜1626)が、計算尺の原型の対数尺を発明。
- ▶1623年　ドイツのヘブライ語教授ヴィルヘルム・シッカート(1592〜1635)が、ネイピアの骨(ジョン・ネイピア(1550〜1617、スコットランドの数学者)が発明した掛け算や割り算などを簡単に行うための道具)を応用し、乗算と加減算可能な歯車式の世界初の自動計算機を開発。加減算に関して繰り上がり可能だが、乗算に関しては繰り上がり不可能だった。
- ▶1642年　フランスの数学者ブレーズ・パスカル(1623〜1662)が、歯車式計算機「パスカリーヌ」を開発。約50台製作。
- ▶1670年代　ドイツの数学者ゴットフリート・ライプニッツ(1646〜1716)が、「Leibniz wheel」を発明。その後パスカリーヌを凌ぐ高機能な計算機を開発し、60年間に約1500台製作。
- ▶1698年　ライプニッツが二進法を確立。
- ▶1822年　イギリスの数学者のチャールズ・バベッジ(1791〜1871)が第1階差機関の実験モデルを開発。
- ▶1823年　バベッジによる階差機関(多項式の数表を作成するよう設計。

▶ **1854 年** イギリスの数学者ジョージ・ブール(1815〜1864)が、ブール代数(コンピュータ・ハードウェアの基本となるデジタル論理回路の構成原理)を発見(図3-3)。
▶ **1897 年** フェルディナント・ブラウン(1850〜1918、ドイツの物理学者、発明家。1909年ノーベル物理学賞をグリエルモ・マルコーニと共に受賞)が陰極線管(通称ブラウン管)を発明。

ブール代数とは、束論における可補分配束(complemented distributive lattice)のこと。

集合 L と L 上の二項演算 $\vee$ (結び(join)と呼ぶ)、$\wedge$ (交わり(meet)と呼ぶ)の組 $\langle L; \vee, \wedge \rangle$ が以下を満たすとき分配束(distributive lattice)と呼ぶ。

冪等則:$x \wedge x = x \vee x = x,$

交換則:$x \wedge y = y \wedge x,\ x \vee y = y \vee x,$

結合則:$(x \wedge y) \wedge z = x \wedge (y \wedge z),\ (x \vee y) \vee z = x \vee (y \vee z),$

吸収則:$(x \wedge y) \vee x = x,\ (x \vee y) \wedge x = x,$

分配則:$(x \vee y) \wedge z = (x \wedge z) \vee (y \wedge z),$
$\qquad\quad (x \wedge y) \vee z = (x \vee z) \wedge (y \vee z),$

さらに L の特別な元 $0, 1$ と単項演算 $\neg$ について、以下が成り立つとき組 $\langle L; \vee, \wedge, \neg, 0, 1 \rangle$ を可補分配束(ブール束)と呼ぶ。

補元則:$x \vee \neg x = 1,\ x \wedge \neg x = 0$。

典型的な例は、台集合として特別な2つの元 $0, 1$ のみの2点集合 $\{0, 1\}$ からなるものであり、コンピュータの動作原理の理論としても知られている。この代数の上では排他的論理和(xor)や否定論理積(nand)など応用上重要な演算子が $\wedge, \vee, \neg$ の組み合わせで記述される($\wedge$ または $\vee$ も $\neg$ と残りの1つの組み合わせで記述される)。

図 3-3 ブール代数(ブール束)

- ▶1905 年　ジョン・フレミング(1849〜1945、イギリスの電気技術者、物理学者フレミングの法則を考案)が二極真空管を発明。
- ▶1906 年　リー・ド・フォレスト(1873〜1961、180 以上の特許を取得したアメリカの発明家、電気・電子技術者。エレクトロニクス時代の父)が、三極真空管を発明。
- ▶1936 年　アラン・チューリング(1912〜1954、イギリスの数学者)が、論文 On Computable Numbers, with an Application to the Entscheidungsproblem を発表。同論文でチューリングマシン(計算模型の1つで、計算機を数学的に議論するための単純化・理想化された仮想機械)を提示。
- ▶1939 年　ジョン・アタナソフ(1903〜1995、ブルガリア系アメリカ人物理学者)とクリフォード・ベリー(1918〜1963、アメリカの電気工学者)が真空管を使って演算処理をする世界初のディジタル計算機 ABC(アタナソフ・ベリーコンピュータ)を開発。1次方程式の解法に特化していたため汎用コンピュータとならなかった。
- ▶1945 年　ジョン・フォン・ノイマンが、「プログラム内蔵方式」を提唱。
- ▶1946 年　ペンシルベニア大学のジョン・モークリー(1907〜1980)とジョン・エッカート(1919〜1995)が中心となり、真空管を用いて演算処理をする、世界初の汎用デジタルコンピュータとされる ENIAC(Electronic Numerical Integrator and Computer、プログラム内蔵方式にはメモリ不足、パッチパネルによるプログラミングが煩雑だが汎用計算は可能)を開発。
- ▶1947 年　AT&T ベル研究所のウィリアム・ショックレー(1910〜1989、物理学者。トランジスタの発明でブラッテン、バーディーンと共に 1956 年ノーベル物理学賞)ウォルター・ブラッテン(1902〜1987、物理学者。3人で 1956 年のノーベル物理学賞を受賞)、ジョン・バーディーン(1908〜1991、物理学者。1956 年に 3 人でトランジスタの発明、1972 年にレオン・クーパー、ジョン・ロバート・シュリーファーと共に BCS 理論でノーベル物理学賞を受賞、ノーベル物理学賞を 2 度受賞した唯一の人物)らがトランジスタを発明。
- ▶1948 年　イギリス・マンチェスター大学のフレデリック・C. ウィリアムス(1911〜1977、電気工学者)とトム・キルバーン(1921〜2001、電気工学

者)が、世界初のプログラム内蔵式コンピュータ The Baby を発明。
- **1949 年** モーリス・ウィルクス(1913〜2010、イギリスの計算機科学者)とケンブリッジ大学の数学研究所のチームによる EDSAC(Electronic Delay Storage Automatic Calculator、世界初の実用的なプログラム内蔵方式の電子計算機)稼働。
- **1951 年** EDVAC(Electronic Discrete Variable Automatic Computer、ENIAC 開発チームが後継機として開発、ENIAC と異なり二進数を使用しプログラム内蔵方式)が稼働。
- **同年** レミントンランド社(1927〜1955 年、アメリカの事務機器製造企業、タイプライター、メインフレーム UNIVAC シリーズの製造元)が、最初の商用名フレームコンピュータ UNIVAC I を商品化。
- **1952 年** アメリカ・IBM 社が商用のプログラム内蔵式コンピュータ IBM 701 を発売。
- **1953 年** MIT にて Whirlwind(リアルタイム処理を念頭に置いた世界初のコンピュータ)が実用化された。量産機 AN/FSQ-7 が 1958 年から SAGE に使われたことで、後の IBM のコンピュータ技術の基礎を築いた。
- **1956 年** 科学技術計算用高級言語 FORTRAN が誕生。
- **1958 年** アメリカ・テキサス・インスツルメンツ社のジャック・キルビー(1923〜2005、2000 年ノーベル物理学賞受賞したアメリカの電子技術者)が集積回路(IC)を発明。
- **1960 年** アメリカ・ディジタル・イクイップメント社が、世界初のミニコンピュータ PDP-1 を発売。
- **1964 年** IBM 社がメインフレーム System/360 を開発、商用初のオペレーティングシステムが生まれる。
- **同年** コントロール・データ・コーポレーション CDC 6600 を製造開始(1969 年まで世界最高速の地位にあり、世界初の成功したスーパーコンピュータ)。
- **1965 年** UNIX の原型となる Multics が、MIT、GE、ベル研究所等の共同開発によって開発。これが、その後継の UNIX 開発へつながっていく。
- **同年** 『Electronics』誌に発表された論文 Cramming more components

onto integrated circuits でムーアの法則が提唱された。
- 1968 年　アメリカの発明家ダグラス・エンゲルバート (1925〜2013)が、SRI インターナショナル内の ARC(Augmentation Research Center)でヒューマンマシンインタフェース関連の研究の結果、マウスやウィンドウなどを開発。
- 1969 年　ARPANET(Advanced Research Projects Agency NETwork、高等研究計画局ネットワーク、世界初のパケット通信コンピュータネットワークで、インターネットの起源となった)が運用開始。
- 同年　UNIX オペレーティングシステムの開発が始動。
- 1970 年　インテル社が世界初の DRAM 1103 を発売。
- 1971 年　インテル社が世界最初のシングルチップの 4 ビットマイクロプロセッサ、i4004 をビジコンと共同開発(同年 10 月に発売のビジコンの電卓 141-PF に搭載)。1972 年インテル社が、世界初の 8 ビットのマイクロプロセッサ i8008 を発表。
- 1973 年　アメリカ・ゼロックス社のパロアルト研究所において、チャック・サッカー(1943〜2017、コンピュータ・ハードウェアの開発エンジニア)が中心となって Alto を製作。アラン・ケイ(1940 年〜、アメリカの計算機科学者、教育者、ジャズ演奏家、パーソナルコンピュータの父と言われる)らはこれを用い、オブジェクト指向に基づく汎用の GUI デスクトップ環境(Dynabook 環境)を構築。
- 同年　ケン・トンプソン(1943〜、アメリカの計算機科学者)とデニス・リッチー(1941〜2011、アメリカの計算機科学者)が、パデュー大学で行なわれた the Symposium on Operating Systems Principles で UNIX に関する最初の論文を発表。
- 同年　ロバート・E・カーン(1938〜、当時 DARPA[米国防総省高等研究計画局])と、ヴィントン・サーフ(1943〜、当時スタンフォード大学)が、後に、インターネットの基本通信プロトコルとなる TCP/IP[1] を開発。
- 1974 年　インテル社が 8 ビットのマイクロプロセッサ i8080 を発表。
- 同年　ゲイリー・キルドールが 8 ビット CPU(8080)用のディスクオペレーティングシステム、CP/M を開発。
- 1975 年　ビル・ゲイツ(1955〜)がマイクロソフト社を設立。

- ▶同年　クレイ・リサーチ社、スーパーコンピュータ Cray-1 を発表。
- ▶同年　アメリカ・MITS 社が、世界初の一般消費者向けマイクロコンピュータ Altair 8800 を発売。マイクロソフト社の BASIC を搭載し、主に組み立てキットとして販売。
- ▶1976 年　NEC 社、TK-80 を発売。6 万台を売り上げ、初期のマイコンとしては異例の大ヒット。
- ▶1977 年　アップルコンピュータ社、パーソナルコンピュータ AppleⅡを発売。
- ▶1979 年　ビジコープ社が、世界初の表計算ソフトで、AppleⅡのキラーアプリケーションとなった VisiCalc を発売。
- ▶1980 年　CERN（欧州原子核研究機構）の研究員でイギリス人のティム・バーナーズ=リー（1955～、現 W3C 代表）が、World Wide Web のもととなる Enquire を開発。
- ▶1981 年　IBM 社が PC DOS を搭載したパーソナルコンピュータ IBM PC を発売。以後、マイクロソフト社から各社に MS-DOS が OEM 供給が開始。
- ▶同年　ゼロックス社が、GUI を装備した初の商用ワークステーション Xerox Star を発売。
- ▶1982 年　アメリカ・サン・マイクロシステムズ社（現オラクル社の一事業部門）が、TCP/IP を採用したワークステーションを発売。
- ▶同年　世界初の（狭義の）コンピュータウイルス Elk Cloner が出現。
- ▶同年　NEC 社が PC-9801 を発売。
- ▶1983 年　ARPANET（米国防総省高等研究計画局ネットワーク、全米の大学・研究機関を相互接続して研究用コンピュータネットワーク）において、プロトコルをそれまで利用していた NCP[2] から、より柔軟で強

---

[1] TCP/IP：Transmission Control Protocol/Internet Protocol、インターネットで標準的に利用されている通信プロトコル。TCP と IP という 2 つのプロトコルで構成。TCP は、IP の上位レイヤに相当し、エンド・トゥ・エンドのコンピュータ用の通信プロトコルで、接続相手を確認してからデータを送受信することで、信頼性の高い通信を実現する。IP は、TCP の下位レイヤに相当し、経路制御装置（ルータ）のための通信プロトコルで、相手を確認せずにデータを送受信することで、高速なデータの転送を実現する。TCP/IP による通信では、IP がネットワークから自分宛のパケットを取り出して TCP に渡し、TCP はパケットに誤りがないかを確認してからもとのデータに戻す。この経路制御方式に、様々な方式が考案されており、グラフ理論（ノードの集合とエッジの集合で構成されるグラフに関する数学の理論）が、基本となっている。

力な TCP/IP に切り替えられ、インターネットの基本技術が完成。
- ▶**1984 年**　アップルコンピュータ社が、Macintosh を発売。
- ▶**同年**　IBM 社が PC/AT を発売。AT バスなどの技術が PC/AT 互換機の共通仕様に。
- ▶**同年**　日本の坂村健(当時東京大助教授)によって TRON(the real-time operating system nucleus、リアルタイム OS 仕様の策定を中心としたコンピュータ・アーキテクチャ構築プロジェクト)が提唱される。
- ▶**1985 年**　デイヴィッド・ドイッチュ(1953〜、イスラエルのハイファ生まれのイギリスの物理学者)が、量子コンピュータ(量子力学的な重ね合わせを用いて並列性を実現するとされるコンピュータ、従来のコンピュータの論理ゲートに代えて、「量子ゲート」を用いて量子計算を行う原理に基づくタイプが主流)の原モデルである量子チューリングマシンを定義した。
- ▶**同年**　マイクロソフト社が、最初の Windows 製品である Windows1.0 を発売。
- ▶**1988 年**　ネクスト・コンピュータ社が、NeXTcube を発売。搭載された NEXTSTEP は後に Mac OS X の基盤となった。
- ▶**同年**　PC-VAN(NEC のパソコン通信サービス)で、コンピュータウイルスの被害が日本で初めて報告された。
- ▶**1989 年**　リーナス・トーバルズ(1969〜)がスクラッチビルドによる UNIX ライクな OS カーネル Linux を発表。
- ▶**同年**　ティム・バーナーズ=リーが World Wide Web プロジェクトを発表。
- ▶**同年**　フィル・ジマーマン(1954〜)が公開鍵暗号 PGP(Pretty Good Privacy。公開した暗号ソフトウェア、公開鍵暗号方式を採用しており、暗号、署名可能。開発当初、米国政府は、暗号を武器とみなし、輸出を禁止していたため、同国外では入手できなかった。ジマーマンは合衆国憲法修正第 1 条[言論・出版の自由]により同国政府が出版物を取り締まれないことから、ソースコードを書籍として出版・国外輸出することで、合法的に PGP を米国外へ持ち出すことに成功、有志によってこれを基に改良がなされ国際版[PGPi]が公開された。1999 年 12 月 13 日に、ア

メリカ合衆国連邦政府が PGP の輸出を一部の国家を除いて認めたため、同国外でも合法的に US 版 PGP を使用できるようになり、国際版の開発は終了)を開発し公開した。

▶1993 年　CERN、World Wide Web を無料で公開。同年にウェブブラウザ・NCSA Mosaic(米国立スーパーコンピュータ応用研究所[NCSA]から 1993 年にリリースされたウェブブラウザ)がリリースされ、World Wide Web の普及が始まる。

▶1994 年　ティム・バーナーズ=リー、W3C(World Wide Web コンソーシアム)を設立し、Web 関連のプロトコルを策定する標準化団体を始動。

▶1995 年　マイクロソフト社が、Windows 95 を発売。

▶1997 年　IBM 社が開発したチェス専用スーパーコンピュータであるディープ・ブルーが、チェス世界チャンピオンのガルリ・カスパロフに勝利。

▶2007 年　アップル社が、iPhone を発売。Mac OS X 派生のモバイルオペレーティングシステム、iPhone OS(現 iOS)を搭載し、スマートフォンの普及が始まる。

▶2008 年　グーグル社が、Linux ベースのモバイルオペレーティングシステム Android をリリース。

▶2009 年　IBM 社、意思決定支援システムワトソンを公開する。

▶2011 年　アジア太平洋地域インターネットレジストリの IPv4 アドレスが枯渇。

▶同年　D-Wave Systems 社(カナダ・ブリティッシュコロンビア州バーナビーを拠点とする量子コンピュータ企業)は、世界初の商用量子コンピュータシステム、D-Wave One を発表。

▶2012 年　グーグル社が、スタンフォード大学との共同研究であるグーグル・ブレイン(Google brain)を構築し、ディープ・ラーニングの有用性を世界へ発信。

▶2014 年　アマゾン社が、AI アシスタント Amazon Alexa を発表、スマートスピーカーの Amazon Echo に搭載される。

▶2016 年　Google DeepMind 社が開発した AlphaGo が、世界最強の棋士と目される李世乭(イ・セドル)に勝利。

---

[2] NCP：Network Control Program、ホストコンピュータ上のプロトコルスタック常駐部の共通層、低レベルプロトコルは IMP で提供されため NCP は基本的にトランスポート層に相当する AHHP(ARPANET Host-to-Host Protocol)と ICP(Initial Connection Protocol)から構成。

以上がコンピュータの歴史の概要であるが、コンピュータの歴史において、数学(数理科学)が極めて重要な役割を果たしてきたことが分かる。最近では特に、1983年のARPANETのTCP/IPを基本としたインターネットの基本技術の確立から1990年代のインターネットの商用化によって世界へ拡大したことが注視されるべき事柄だろう。また、1997年のチェス専用スーパーコンピュータであるディープ・ブルーが、チェス世界チャンピオンのガルリ・カスパロフに勝利したことをきっかけに、AI(人工知能)に関わるコンピュータの進化が著しい。

　また、2007年のアップルのiPhoneの登場以来、スマートフォンの普及が急速に進んだことで、インターネットを介して世界中の人々がつながり始めている。工業革命の恩恵は、世界人口の約10%程度であったが、コンピュータ同士がつながるインターネットの利用人口は、2017年で51%を超えたのである。ところで、SDGs(エス・ディー・ジーズ、Sustainable Development Goals、持続可能な開発目標)は2015年9月の国連サミットで採択されたもので、国連加盟193か国が2016年〜2030年の15年間で達成するために掲げた目標である。インターネットは、この国連の目指すSDGsを実現するために最も有効な手段だと位置付けられている。

3.2 「コンピュータ」による「数学」から「数理科学」への発展

　以上に述べたように、「コンピュータ」は数学者によって発明されたものであるが、「コンピュータ」の登場によって、「数学」は、「数理科学」へと発展している。「藤原洋数理科学賞」の創設の意義は正にここにある。

3.2.1 　数理科学とは？

「数理科学」とは "mathematical sciences" の日本語訳を起源としており、数学界では「数学」"mathematics" と同義であるとなっている。しかし、狭い意味の「数学」は「数理科学」へと発展しているとも言える。すなわち、純粋数学を起点として広がりを見せている数学的な学問分野 ── 統計学、理論計算機科学、暗号理論、集団遺伝学、計量経済学、数理物理学、保険数理学、金融工学、数理ファイナンスなど ── へと発展しているのだ。

例えば、自然現象を記述する方程式の多くは微分方程式になる。よく見られる自然現象として、波および拡散などがある。水と空気との境界面である水面の波、音は空気の振動が波として伝わるものである。熱湯をそのままにしておくと室温まで温度は下がり、煙は空気中に広がって見えなくなってしまうが、これらは拡散と呼ばれる現象である。このような自然現象を定量的に扱うには、偏微分方程式を使うことになる。水面の波の運動では、水面を表す波の方程式を理想化・単純化することにより波動方程式が得られる。この方程式を用いると、太平洋を伝搬する津波の速さはジェット機に匹敵ことなどが分かるが、津波の到達時間の計算にしか有用ではない。波が崩れたり、孤立波が生まれることの解明には有効ではない。方程式の理想化・単純化によって、非線形効果が除去されたためだ。

波動方程式は無限個の解を持ち、2つの解を取りだして2つの係数の一次線形結合を作ると新たな解となる。自然現象は、このような線形方程式と線形性を持たない非線形方程式とで記述することができる。しかし、自然現象をより精密に記述するには、非線形偏微分方程式が必要となる。この解を解析的に求めることは極めて有効である。また一般的には、非線形偏微分方程式を解析

的に解くことは困難であるが、コンピュータの登場によって数値解析が可能となったのである。こうして、偏微分方程式による現象の解析は、数理科学を代表する分野となっている。

コンピュータの登場以後、「数理科学」は数・量・図形などに関する学問というような狭い意味での数学だけではなく、情報科学や計算機科学など関連諸科学を創り出し続けている。微分方程式論、力学系理論、確率解析などの数学的手法を用いることで、様々な現象の変動過程の数理構造の解明が可能となる。このように「数理科学」は、統計数学、数理工学などを含む広い意味で、長い伝統と豊かな広がりを持つ「数学」であるとも言える。「数理科学」のチカラには大きいものがあり、数・自然界の法則の理解だけではなく、生命現象、新機能素材、環境問題、エネルギー、食料・水問題などの学際的研究や社会的課題解決のための有力な手段となっており、人類社会の発展に大きく貢献している。日本が世界に向けて新たな価値を産み出し世界をリードし、更なる貢献をするには、「数理科学」の果たすべき役割は極めて大きい。

3.2.2 「数理科学」の発展の方向性

第1章で述べたように、長い伝統を誇る「数学」を起源とする「数理科学」は、現代もダイナミックに発展を続けており、多様な問題が提案され解決されてきた。そして、それらの解決がまた新たな問題を想起させている。「数理科学」の発展予想は容易ではないが、これまでの「数学」から「数理科学」への発展を振り返ることで、いくつかの課題や方向性を示唆することが可能になると期待したい。そのためには、新たなアイデアや概念を産み出す多様な研究者が参画できる社会を実現することが求められている。

長い伝統と豊かな成果をもたらしてきた「数学」は、「数理科

学」の基礎となる数学基礎論、代数、幾何、解析、確率・統計、応用数学などの分野があり、個別または連携して発展してきた。今日もなお、第1章で紹介したミレニアム問題、abc予想（$a+b=c$が成り立つ自然数a, b, cにおいて、積abcの素因数に関する数論上の予想。2012年8月、京都大学数理解析研究所の望月新一教授によりこの証明に成功したと話題になった）、ラングランズプログラム（代数的整数論におけるガロア群の理論を、局所体及びそのアデール上で定義された代数群の表現論及び保型形式論に結び付ける非常に広汎かつ有力な予想網）など話題にこと欠かない。

　一方、「数理科学」はこのような「数学」の成果を取り入れながら、多種多様な産業界と協調しつつ、社会課題の解決に威力を発揮し始めている。その結果、「数理科学」は科学・技術の共通基盤としての役割を果たしつつあり、「宇宙の数理」「物質の数理」「生命の数理」「人間の数理」「社会の数理」に大きく貢献することが期待できる。具体的には、「宇宙の起源の解明」「物質の起源の解明」「地球変動の予測」「生命体機構の解明」「新物質の開発」「新エネルギーの開発」「テーラーメード医療の実現」「再生医療の実現」などへの適用が考えられる。このような貢献を果たしていく過程において、「数理科学」自身の基礎となる「数学」の発展を促すことが期待される。例えば「構造における双対性・対称性の発見」「新たな離散構造の数理」「無限次元空間の幾何構造」「非可換世界観の具体化」「非線形現象の解明」「複雑系数理モデルによる稀現象理解」「連続体構造の多角的解明」などの基礎的かつ根源的な学術的進化が期待される。

3.2.3 「数理科学研究の発展」のために克服すべき課題

さて、そのように社会発展のために有用な「数理科学研究の発展」のためには、克服すべき多くの課題がある。「数理科学」という社会の最も重要な科学技術基盤における前提は、「多様性(diversity)」の確保である。次に、「数理科学」はあらゆる学術分野、産業分野の共通基盤となることから、研究者の質的・量的充実は国家的使命である。そのためには、多様性に富んだ人材育成が必要で、多種多様な学術・産業技術分野の研究リーダーを育成し、学際的研究と社会的課題解決のために積極的に取り組む数理科学研究者を増やすことが重要である。以下にそれらの課題を列挙する。

まず、基礎となる「数学」の諸分野を体系化して、「数理科学」諸分野の発展へつなげることが求められる。具体的には、「数学」の諸分野を体系化としては、数学基礎論・論理学・アルゴリズム・離散数学、代数(整数論・代数幾何・群論・環論・表現論)、幾何(微分幾何・トポロジー・幾何解析・離散幾何)、解析(実解析・複素解析・関数方程式・関数解析・力学系・確率論)、数値解析・統計学・最適化・モデリング・データ解析などである。

次に、これらの体系化の結果として、科学・技術によるイノベーションの共通基盤を整備することが求められる。即ち、社会的課題を解決するための応用分野を設定することである。例えば、生命現象の解明、新素材の開発、環境問題の解決、エネルギー問題の解決、食料問題の解決、水問題の解決、健康問題の解決のために生まれてくる多くの課題である。具体的には、「数理科学研究活動」における学際性と汎用性をいかに実現するかである。そのためには、ビッグデータの収集・解析基盤の確立、複雑系システムの抽象化・普遍化による原理の解明、および数理モデルの確

立があげられる。

　ここで、このような「数理科学研究」の発展のための課題には、基礎となる研究体制の整備という課題がある。第1に、数理科学研究の質的・量的整備のための多様性の確立が重要である。具体的には、若手研究者の待遇改善とキャリアパスの整備、女性研究者の研究環境整備、外国人研究者の研究環境の整備が重要である。第2に、国際性の確立が重要である。具体的には、国際的教育・研究協力体制の整備が重要である。第3に、研究テーマ・研究期間の自由度の増大が重要である。具体的には、研究時間の確保、長期的期間での研究評価、研究予算の安定供給、および挑戦への奨励制度の整備が重要である。これらの研究を発展させるための課題を克服すれば、「数理科学者」と多くの科学分野、産業分野における研究者、技術者、ビジネスマンとの協調が促進されることとなる。このような課題克服ができれば、紛れもなく日本のあらゆる学術研究分野と産業分野において、「数理科学人材」の活躍が一気に拡大することが期待される。このような状況を創り出すことが日本社会におけるイノベーションである。

3.3 受賞業績に見る「藤原洋数理科学賞」創設の意義

　前節で述べたように、基礎となる「数学」の諸分野を体系化して「数理科学」諸分野の発展へつなげることが求められる。次に、これらの体系化の結果として、科学・技術によるイノベーションの共通基盤を整備することが求められる。そして、社会的課題を解決するための応用分野を設定することが重要である。このような主旨に則った研究者にスポットライトを当て、社会課題を解決

する取り組みを顕彰対象として「藤原洋数理科学賞」が創設された。これから紹介する受賞者の業績は、体系化された「数学」の基礎を踏まえ、これを科学技術の共通基盤となる段階へ推し進め、そして社会課題の解決への道を示しているものである。なお、受賞者の肩書は受賞当時のものである。

【第1回】(2012年)

大賞

▶小澤正直［名古屋大学大学院情報科学研究科］

受賞業績：量子情報理論の数学的基礎付け

業績紹介：コンピュータは現代社会になくてはならない道具として人間の生活に定着しているが、さらに能力の高い量子コンピュータの実現が待望されており、量子情報理論の研究の重要性が増してきている。小澤正直氏は、1980年代からこのような量子情報の研究を手がけ、数理物理、計算機科学などの分野で大きな成果をあげてきた。

　小澤氏による不確定性原理の新しい定式化は特に注目すべき発見である。ハイゼンベルクは1927年、不確定性原理を発表した。それによれば、想定する粒子の位置の誤差と光を当てて測定することによる運動量の乱れの積はある定数以上となり、位置と運動量は同時に測ることができない。これは約80年間、研究者の間で信じ続けられた量子力学の基本原理だった。小澤氏は、測定理論と誤差理論の厳密な数学的定式化の下にハイゼンベルクの不等式を修正し、「小澤の不等式」を証明した。2012年1月には小澤氏の理論が正しいことが、名古屋大学とウィーン工科大学の共同グループによる実験で確かめられている。この業績をはじめとする小澤氏の量子情報理論における幾多の研究業績は、ミクロの世界を制御する新技術開発につながる可能性を秘めた大変すぐれたもので、藤原洋数理科学賞大賞を授与するにふさわしい業績である。

奨励賞

▶平岡裕章［九州大学マス・フォア・インダストリ研究所］

受賞業績：トポロジーと力学系理論の情報通信・生命科学等への応用

業績紹介：平岡裕章氏は、力学系と代数的トポロジーにおいて発達した数学理論の情報通信・生命科学等への応用研究ですぐれた業績をあげた。パターン形成問題のダイナミクスの研究、流体の渦点に関する衝突型特異点の分類、層係数コホモロジーを用いたネットワークコーディングの解析、タンパク質のX線結晶解析データの位相解析的視点からの研究など、計算機援用により数学の応用を展開されている。

平岡氏の研究は対象が広範囲にわたり、現在の枠を大きく超えた独創的なもので、藤原洋数理科学賞奨励賞にふさわしい優れたものである。

▶蓮尾一郎［東京大学大学院情報理工学研究科］

受賞業績：圏論的代数・余代数の理論による計算機システムの形式的検証

業績紹介：現代社会はコンピュータに大きく依存しており、コンピュータが正しく作動することを保証することは、いまや人類にとって極めて重要な問題となっている。蓮尾一郎氏の研究は、この混沌としたコンピュータの世界に数学の理論を応用し、数学的な秩序を見出そうとするものである。特に、計算機システムの正しさを数学的に証明することを目標とした形式的検証の方法を確立するために、数学の理論である圏論的代数・余代数の理論を有効に用いており、ゴーゲンらに始まるプログラミング言語などのシンタックスのもつ代数構造の研究、ヤコブスやルッテン等に始まる計算機システムの離散力学系的な振る舞いのもつ余代数としての構造の研究に大きな貢献をしている。

蓮尾氏の研究は代数学を計算機科学に応用し、現代社会に欠くことのできないコンピュータの発展に寄与する意欲的なものであり、藤原洋数理科学賞奨励賞にふさわしい優れたものである。

【第2回】(2013年)

大賞

▶水藤 寛［岡山大学大学院環境生命科学研究科］

受賞業績：数理科学を用いた大動脈血流に関わる病態メカニズムの研究

業績紹介：水藤寛氏は、数理科学と臨床医療の協働を積極的に進め、人体臓器内で起っている現象の裏にあるメカニズムを数理的に研究し、より信頼性のある診断・治療法の構築のために、医学者と協力して医学堺

象の数理科学的解析に貢献した。

　水藤氏は、大動脈血流とそれに関連した病態の予後予測に関して、医学者植田琢也氏と共同で動脈の形状と血液の流れの関係性を調べる研究を行った。大動脈瘤などの病気については、どのような条件が重なった時に発生するのか、どのようにして大きくなっていくのかなど、未知の部分が多い。しかも変形が急に加速するという現象が見られることもあり、そのメカニズムを知ることは治療方針の決定のためにも大変重要である。これらの現象に影響している要因として、動脈内に生じる渦や旋回流に着目し、まず流体の方程式である3次元ナヴィエ-ストークス方程式に基づいて血流の分布を求め、血管壁に働く力やトルクを算出した。その上で、個人差の大きい大動脈の曲率や捩率などの分布と血管壁に働く力の分布との関係を調べることにより、大動脈の変形やその加速現象のメカニズムの数理的側面を解明した。また、水藤氏は、微分方程式によるモデリングと逆解析を用いて、CTで撮影された臓器内の造影剤濃度分布の時系列データを解析し、腎臓癌等の転移リスクに高い関連のある血管新生パラメータを予測する指標となる血行動態パラメータを算出するシステムの構築も、医学者と共同して行っている。

　水藤氏の研究業績は、数理科学と臨床医学の緊密な協働を軸として、医学現象の裏にある機構を数理的に解き明かし、新しい知見をもたらし、臨床医の直感を数学的な指標として表すことを目指すものである。数理モデルやシミュレーション技術、統計処理、逆解析などを有効に用い、医療への数理科学の応用を推進する水藤氏の研究は、臨床医療における診断の信頼性を向上させるとともに、熟練医が持っている高度な能力を次世代に伝えていく効果的な方法を示唆するもので、藤原洋数理科学賞にふさわしい優れた研究である。

奨励賞

▶**千葉逸人**［九州大学マス・フォア・インダストリ研究所］

受賞業績：結合振動子系における蔵本予想の解決

業績紹介：極めて自由度が大きい有限系の問題をどう厳密に扱うかは、離散と連続の間に横たわる極めて重要な問題である。千葉逸人氏は、結合振動子系という多数の振動子が互いに相互作用することで得られる大

自由度の力学系の同期現象の問題を取り上げ、その最も標準的な結合振動子系である蔵本モデルについて、1974年頃蔵本由紀氏によって定式化された解の分岐に関する蔵本予想を数学的に厳密に解決した。

蔵本モデルとは、振動子の位相のみに着目した互いに相互作用するN次元常微分方程式系であり、相互作用の強さを表すパラメータを大きくしていくと、非同期状態から同期状態への相転移が起こる。その無限次元版は無限個の振動子群の分布を未知関数とする偏微分方程式である。これまで物理学者によって特殊な場合は考察されていたが、無限次元蔵本モデルから得られる線形作用素が非自己共役かつ非有界であり、連続スペクトルを虚軸上に持つため、通常の手法である中心多様体縮約は適用できず、相転移の厳密なメカニズムを解明することは既存の数学の枠組みでは困難であった。千葉氏は通常のスペクトル概念を拡張した一般化スペクトルを導入し、そのスペクトル分解を与える理論を構築整備した。これにより、一般化された意味での固有値が解の指数的な減衰や分岐を引き起こすことを示すことができ、非同期状態から同期状態への転移の現象を厳密に解明することに成功した。

蔵本予想は、力学系の分野で重要な未解決問題と考えられてきた予想であり、従来の数学の枠組みを超えた手法でこの問題を解決した意義は大きく、千葉氏の研究業績は、藤原洋数理科学賞奨励賞にふさわしい優れたものである。

▶谷川眞一［京都大学数理解析研究所］

受賞業績：離散最適化理論に基づく組合せ剛性理論の展開

業績紹介：組合せ剛性理論は、グラフや多面体などの離散的対象をユークリッド空間へ埋め込む自由度と、その離散構造の組合せ的性質の関係を解明することを目標とする離散幾何学の理論である。この理論は、コーシー（Cauchy）の多面体剛性定理など、構造力学や機械工学の基礎として古くから研究されていた。近年では、タンパク質の立体挙動解析やCAD、センサーネットワークの位置同定問題、ロボット動作計画における高速アルゴリズム設計などに応用されている。

谷川眞一氏は、組合せ剛性理論において、マトロイドと劣モジュラ関数の理論を用い、高速アルゴリズムの設計に至るまで、幅広い内容の独

創的な研究を行っている。中でも、分子剛性予想の解決は注目に値する。グラフの一般剛性に関しては、2次元においては、ラマン(Laman)やロヴァス-イエミニ(Lovász-Yemini)によって深く研究されていたが、3次元において組合せ的特徴付けができていないことが、蛋白質の立体構造の自由度解析や結晶の振動解析などに距離幾何学を応用する際の障害となっていた。1982年にテイ(Tay)とホワイトリー(Whiteley)によって提案された分子剛性予想は、効率的に計算可能な3次元一般剛性に関する予想であり、応用上からも重要なものである。谷川氏は加藤直樹氏と共にポリマトロイドの基のグラフ理論的性質を巧みに利用してこの予想を肯定的解決した。谷川氏は、3次元一般剛性の特徴付け問題にも取り組み、マトロイド構築法とグラフ木分割を用いた独自のアプローチを展開し、ゼオライトなどの結晶構造の振動や対称性の高いメカニズムに潜む組合せ的性質の解明に貢献している。

谷川氏は、工学システムの解析法を基礎としながら、情報科学の先端研究課題において発生する現実の離散幾何的な諸問題の解決に有効な新しい理論を展開しており、同氏の研究業績は、藤原洋数理科学賞奨励賞にふさわしい優れたものである。

【第3回】(2014年)
大賞

▶**松本 眞**[広島大学大学院理学研究科]

受賞業績:疑似乱数メルセンヌ・ツイスターに関する研究

業績紹介:コンピュータ上で疑似的な乱数を生成することは、現代科学の様々な状況において重要なことである。疑似乱数生成は、現代科学において重要な役割を担うモンテカルロシミュレーションや高次元数値積分においてしばしば用いられている。また、最近、インターネットが必要不可欠なものとなっているが、疑似乱数生成はインターネット通信における暗号化にも必要とされ、IT社会における現代的な役割も担っている。

松本眞氏は、メルセンヌ・ツイスターと呼ばれる疑似乱数生成アルゴリズムを開発した。このアルゴリズムの基礎は整数論にあり、数学的に厳密な解析がなされていて信頼性が高く、ソフトウェア設計の見地から

みても完成度が高い実用に即したもので、乱数としての性能が大変優れたものである。松本氏の業績は、コンピュータが発達した現在の科学技術にとって極めて有用なものであり、藤原洋数理科学賞大賞にふさわしい優れた研究業績である。

奨励賞

▶三浦佳二［東北大学大学院情報科学研究科］

受賞業績：幾何学と統計学を応用した脳情報処理機構の解明

業績紹介：三浦佳二氏は、情報幾何学や機械学習の最先端数学を応用し、脳の情報処理機構に数理科学からの独創的な視点を与えた。神経細胞の発火時系列については、情報幾何学に基づく統計モデルを提案して脳信号解読を容易にし、ラットの嗅覚皮質の匂い応答などにも数理科学的な解析手法を導入して、脳の匂い認識の原理に新しい視点を見出した。三浦氏は、情報幾何学や機械学習といった最先端の数学の知識と感覚がなくては提案できない数理モデルを構築し、その実証のためのデータ解析を行い、脳科学の分野に数理科学の側から大きな貢献をしており、その成果は藤原洋数理科学賞奨励賞にふさわしい優れた研究業績である。

【第4回】(2015年)

大賞

▶楠岡成雄［東京大学名誉教授］

受賞業績：確率的手法による数理ファイナンスへの貢献

業績紹介：金融工学において、株価など変動する経済を予測し、リスクを管理することは社会の安定のために重要なことである。そのための理論は、確率微分方程式における伊藤の公式や、ブラック-ショールズ理論など、難解な数学を用いて作られている。

　楠岡成雄氏は確率解析による数理ファイナンスに大きな貢献をしてきた。中でも、デリバティブの価格を決定するために無限次元解析を適用したマリアヴァン解析と、自由リー代数の理論という高度な数学を用いて、拡散過程の期待値の計算を行う楠岡近似と呼ばれる計算法を確立した。楠岡近似の方法は、オプション価格などを高速かつ精密に近似することを可能にし、現実の金融の世界でも実用上高く評価されており、楠岡氏の業績は藤原洋数理科学賞大賞にふさわしい優れた研究業績である。

奨励賞

▶藤原宏志［京都大学大学院情報学研究科］

受賞業績：生体中の近赤外伝播シミュレーションの数値的手法

業績紹介：藤原宏志氏は、医学、特に脳科学における生体や脳活動モニタリング手法の開発のため、近赤外光伝播（きんせきがいこうでんぱ）の数値シミュレーション法を開発した。

近赤外光は、血中のヘモグロビンの酸素飽和度（さんそほうわど）に応じた吸収スペクトルを示すことが知られており、これによる脳活動のモニタリングが注目を集めている。この問題に対し、藤原氏は、数理モデルである輻射輸送方程式の数値スキームの安定性と収束性を証明して数学的な裏付けを与え、計算の加速に有効な多重格子法（たじゅうこうしほう）を提案した。また、計算の実現においては効率的なハードウェアの利用法を提案し、計算時間を飛躍的に短縮することに成功した。数学と他分野との共同研究において数値シミュレーションの果たす役割は大変大きく、藤原氏の業績は藤原洋数理科学賞奨励賞にふさわしい優れた研究業績である。

【第5回】(2016年)

大賞

▶岡本 久［京都大学数理解析研究所］

受賞業績：数理流体力学のフロンティアの開拓

業績紹介：ナヴィエ—ストークス方程式は流体の運動を記述する基本方程式であるが、流体の運動は未だ多くの謎に包まれている。岡本久氏は、流体の世界の指針とされる様々な常識に挑戦し、新たな知見を数多く発見して来た。

温度や物質濃度などにばらつきがある空間において、空間内の物質の移動によって温度や物資の変化が起こる移流という現象がある。岡本氏は、流体における渦度の増大が移流によって押さえられるということを発見した。このことは、解の爆発と乱流が独立の現象であることを示している。また、2次元の流れに特有の現象として、単峰解と呼ばれる流れが高レイノルズ数で存在することを見出した。レイノルズ数が大きな流れでは乱れが発生し乱流となるが、そこには大規模で単純な渦が存在するということを示したのである。この事実は、2次元では完全に乱れ

きった状態は存在せず、統計力学の手法の限界を示すものとして、惑星規模の流れの研究者の間で注目されている。岡本氏は、ストークス漂流が一般に予想されているよりも遥かに大きいことも示した。これは、波に浮かぶ微粒子が遠方に運ばれる現象で、ストークスによって19世紀に発見されたものであるが、これまでは漂流する距離は無視できるぐらい小さなものであると信じられていた。岡本氏は独自の高精度計算法を考案して精密に計算することにより、この常識を覆す結果を得た。

　岡本氏は、流体の流れという基本的な現象を数理科学的に解析し、数々の難問に新しい知見を得て国際的にも高く評価されており、同氏の業績は藤原洋数理科学賞にふさわしい優れた業績である。

奨励賞

▶Daniel Packwood［京都大学大学院理学研究科］

受賞業績：数理科学による物質の機能・構造相関の研究

業績紹介：化学は、様々な分子構造やナノ構造を合成し優れた機能を持つ材料を生み出す学問であるが、その複雑な形状を記述する言語がないため、構造と機能の関係が明確ではない。Daniel Packwood氏は、適切な数理モデルを提案することにより、構造と機能の関係を明らかにすることを目指し、材料科学者と共同研究を行い、多孔質金属の触媒機能や磁性を持つ分子構造の数理的な解明に大きな成果を上げた。

　多孔質金属の触媒機能については、ナノレベルの多孔質構造が触媒機能をもたらすことはよく知られているが、その本質は解明されていない。Packwood氏は、複雑な多孔質物質の穴の繋がり方に着目し、グラフ構造を取り出すアルゴリズムを構成した。さらに、このグラフを要素となるサブグラフに分解し、その関係を見ることで多孔質の複雑度を図るというアイデアを提案した。その上で、物質の拡散の近似としてグラフ上のランダムウォークを定義し、高い触媒機能を持つ多孔質構造を予測する数学的枠組みを構築した。また、磁性を持つ分子構造の特定に関しては、分子モーターなど磁性を持つ分子の合成は重要であるが、磁性発現は形に敏感に依存し、安定構造を特定することは難しい。Packwood氏は変形によって保たれる弱位相的不変量を発見し、それを用いて超高密度メモリーの候補となる新しい構造を提案した。

Packwood氏のこのような業績は数理科学を材料科学に応用する有用で斬新なもので、予測可能な材料科学の構築に資するところ大であり、藤原洋数理科学賞奨励賞にふさわしい優れた業績である。

【第6回】(2017年)
大賞
▶砂田利一［明治大学総合数理学部］

受賞業績：ダイアモンドツインK4格子の発見

業績紹介：砂田利一氏は、大域解析・スペクトル幾何学、離散幾何解析学を専門とし、幾何学の発展に多大な貢献をされてきた。近年、砂田氏は結晶デザインへの幾何学の応用を精力的に展開し、「ダイヤモンドツインK4格子」を発見した。これは、3次元空間内の周期的なグラフの中で、対称性と強い等方性という観点から分類すると、条件を満たす格子はダイヤモンド格子とK4格子しかないということを証明したものである。K4格子は炭素からできた格子で、最近、分子レベルで局所構造を実現したという報告もあり、材料工学的にも興味を惹いている。

　このような砂田氏の業績は藤原洋数理科学賞大賞にふさわしい優れた研究業績である。

奨励賞
▶富安亮子［山形大学理学部数理科学科］

受賞業績：新しい粉末指数づけアルゴリズムの研究

業績紹介：化学の結晶構造の解明において、粉末回折パターンから格子定数の決定に要する解析を粉末指数付けという。富安亮子氏は、2次形式という数学の枠組みを結晶構造解明の手法である粉末指数付けに応用し、実行するためのソフトウェア「CONOGRAPH(コノグラフ)」を開発した。富安氏の研究は、グラフの解析に関わる数学理論を、粉末X線・中性子線回折測定装置により得られる実験データに適用することで、従来に比して結晶格子決定の成功率・計算効率を飛躍的に改善するもので、藤原洋数理科学賞奨励賞にふさわしい優れた研究業績である。

▶大林一平［東北大学材料科学高等研究所］

受賞業績：パーシステントホモロジー応用開発

業績紹介：大林一平氏はパーシステントホモロジー高機能ソフトウェア

「HomCloud（ホムクラウド）」を開発した。パーシステントホモロジーはトポロジーに基づくデータ解析法であり、材料工学、生命科学、情報通信分野を中心に適用が進められている。数学的予備知識が必要な従来のものに比べ、大林氏が開発したソフトウェアはユーザーフレンドリーな汎用型インターフェイスを備えており、深い数学的洞察に基づいて高性能性を実現している。

このような大林氏の業績は藤原洋数理科学賞奨励賞にふさわしい優れた研究業績である。

【第7回】(2018年)

大賞

▶新井仁之［早稲田大学教育・総合科学学術院教育学部］

受賞業績：数理視覚科学と非線形画像処理の新展開

業績紹介：新井仁之氏は、ウェーブレット変換を改良したフレームレット変換の構成という純粋数学の理論に基づいて、脳の視覚に関する情報処理の研究を行い、その数理モデルを構築した。これにより、人間の錯視のメカニズムを解析し、これまでは経験に基づいて行われていた錯視画像をコンピュータにより系統的に生成することを可能にした。新井氏は新井しのぶ氏と共に浮遊錯視生成ソフトなどのソフトウェアの開発も行い、この成果は実用化されている。新井氏の研究成果は、オプアートの分野の技術革新や画像処理の分野でのノイズ除去、画像の先鋭化など、幅広い応用を有している。

新井氏の研究はこれまで、脳科学、認知科学、心理学などで研究されていた分野に数学を適用し、革新的な応用をもたらした研究であり、藤原洋数理科学賞大賞にふさわしい優れた業績である。

奨励賞

▶柏原崇人［東京大学大学院数理科学研究科］

受賞業績：非圧縮流体の方程式に対する数値解析における厳密な数理的手法の開発

業績紹介：柏原崇人氏は、ナヴィエ-ストークス方程式を非線形の摩擦型境界条件の下で考察し、その収束性・安定性を解析して顕著な結果を得た。特に、大動脈血行力学において、流体としての血液が血管壁と摩擦

がある状態で流動するモデルに現れる一般化ロビン境界の問題に取り組み、解の特徴付けに成功した。このことから、この偏微分方程式の解が標準的な境界条件の下での解よりもよい正則性を持つということが導かれ、国際的に高く評価されている。

柏原氏の結果は、数値シミュレーション分野への実用性と純粋数学の解析理論の厳密さが統合された数少ないものであり、藤原洋数理科学賞奨励賞にふさわしい優れた業績である。

3.4 「数理科学」が牽引する新産業革命

先に述べた人類の歴史における3つの革命論の中で、ミクロレンジの「4段階産業革命論」の動作原理を考えてみる。「第1次産業革命」(動力革命：紡績機械、蒸気機関、石炭製鉄)は、17世紀に確立した「力学」を原理としたイノベーションだった。「第2次産業革命」(重化学工業革命：内燃機関、発送電)は、化学反応に基づく物質科学を原理としたものだった。「第3次産業革命」(デジタル情報革命：通信、半導体、コンピュータ)は、エレクトロニクスの世界を支配する量子力学を原理としていた。そして、今日の「第4次産業革命」(デジタルトランスフォーメーション革命：IoT、ビッグデータ、AI)は、数理科学を原理としている。

このように、インターネットの商用化から四半世紀を経過し、世界は、第4次産業革命の潮流の中にあるといえる。第1次産業革命(動力革命)によって鉄鋼、海運、鉄道など、第2次産業革命(重化学工業革命)によって自動車、電力、航空など、第3次産業革命(デジタル情報革命)によって半導体、通信、コンピュータなどの新産業が生まれた。そして第3次産業革命の後半に生まれたインターネットがさらに進化し、スマートフォンによって全ての

人々を、また、全てのモノを接続する IoT(Internet of Things、モノのインターネット)時代を迎えた。第4次産業革命とは、人々の行動履歴、地球上のセンサー情報などが膨大なデータを発生(ビッグデータ)し、膨大なデータから AI(Artificial Intelligence、人工知能)が機械学習によって規則性を抽出し判断ルールを自動的に生成する時代、すなわち、あらゆる産業のデジタル化(デジタルトランスフォーメーション)を指している。

3.4.1　IoT へと進化するインターネット

インターネットの基盤技術は、図 3-4(次ページ)ように4つの基盤技術の発明と共に変遷してきた。パケット交換は、データの先頭に宛先アドレスと送元アドレスとを付加して送受信するデータ交換通信ネットワークで、従来の電話のための電話交換網と全く異なる概念である。続いて登場した TCP/IP(Transmission Control Protocol/Internet Protocol)は、TCP がエンド・トゥ・エンドのコンピュータ間の応答確認よるデータロスと二重受信防止などを制御する。IP は、経路制御で、膨大な世界中のネットワークが相互接続された巨大なネットワークにおける送元から宛先までの経路制御を効率よく行うために、数学の一分野であるグラフ理論が適用されている。

以上のインターネット・インフラ技術の上で、生まれたのが World Wide Web というインターネット上の情報提供の仕組である。Web は、図 3-5(173 ページ)に示すように四大要素(記述言語 HTML[Hyper Text Mark-up Language]、Web サーバ、Web ブラウザ[閲覧ソフト]、HTTP[Hyper Text Transmission Protocol])で構成される。Web サーバに HTML で記述されたデータを世界中に蓄積することができ、検索エンジンを用いれば、欲し

図 3-4 インターネットを支える基盤技術の変遷(写真は上からポール・バラン氏、ヴィントン・サーフ氏(中段左)、ロバート・カーン氏(中段右)、ティム・バーナーズ=リー氏(下段左)、著者(下段右))

い情報に直ぐに到達することができる。ここで、検索エンジンの検索アルゴリズムには、日々進化する数理科学的アルゴリズムが用いられている。また、Eコマースサイトも簡単に構築することができる。そこで、図3-5に示すように、情報発信源という視点でネットビジネスの進化を見ると、第1世代のサービス事業者が

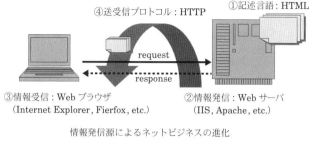

図 3-5 情報発信源の変化とネットビジネスの進化

情報提供をするポータル型というのがまず生まれた。次に、第2世代がSNS(Social Networking Service)で、情報発信するのは利用者になった。そして今、第3世代の情報発信は、事業者でもなくヒトでもなく、いよいよモノとなった。モノが情報発信する第3世代をWebは迎えているのが今の時代で、私はこれを「IoT型」と言っている。IoT型の情報発信サービスには、多くの可能性が生まれている。インターネット接続数も第1と第2世代まではヒトが対象なので世界の人口を超えないが、第3世代のIoTになると、2020年には500億接続になると予想されている。

4つ目のインターネット基盤技術は、ブロックチェーンである。図3-6(次ページ)に示すように、各トランザクションは、前のトランザクションのハッシュ値、新たな所有者の公開鍵を含み、もとのコインの所有者の暗号鍵によって電子署名される。ここで、「ハッシュ関数」と「ハッシュ値」とは、データの受け渡しの際、改変されていないかを確認する数理科学的技術である。もとのデ

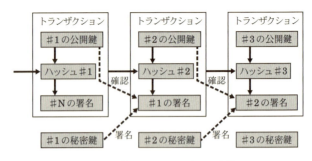

図 3-6　ブロックチェーン技術の本質

ータと受け取ったデータを比較すればよいが、処理の簡素化のため、「ハッシュ関数」を使って「ハッシュ値」と呼ばれるデータを作り、それを比較する。これは、一定の法則でデータを短くして同じ長さに揃えたもの(ハッシュ値)で、この方法で「ハッシュ関数」を求める。違うデータから同じハッシュ値ができない、ハッシュ値からもとのデータを復元できないという性質がある。元データを送る際にハッシュ値も送信し、受信者は受け取ったデータからハッシュ値を計算し、同じになればデータが改変されていないことになる。ハッシュ関数には複数方式があり、ハッシュ値が大きいほど安全性が高い。以前は、MD5(ハッシュ値：128 ビット、Message Digest 5)と短く使われなかったが、その後 SHA-1(ハッシュ値：160 ビット、Secure Hash Algorithm)となった。現在は、SHA-2(224, 256, 384, 512 ビット)へ移行が推奨されている。なお、SHA-2 は、アメリカ国家安全保障局(NSA)によって設計され、2001 年にアメリカ国立標準技術研究所(NIST)によって FIPS PUB 180-4 として標準化された暗号学的ハッシュ関数である。このように、ブロックチェーンは、完全分散型のコンピュータ・ノードにセキュリティ機能を分散させるために、原理的にサイバー

攻撃に対して極めて強く、仮想通貨以外の様々な応用が期待されている。また、ここで用いられる暗号方式は、代数幾何学の原理に基づく最新の数理科学的手法が用いられている。

3.4.2 　ビッグデータとは？

ビッグデータは、2001年に、METAグループ(現ガートナーグループ)のダグ・レイニーが、3つのVの特徴を有する途轍もないデータ量、それから途轍もなく頻度の多い、そして途轍もなく種類の多いデータを「ビッグデータ」だと定義したことを起源とする。ペタバイトやエクサバイト級の巨大なデータ量(Volume)だけではなく、これまでと比較にならないその発生頻度(Velocity)とデータの多様性(Variety)が揃っていることである。今後は、この多様で膨大で高発生頻度のビッグデータの分析のための「データサイエンスとしての数理科学」の役割が大きなものになると予測されている。

ビッグデータ解析は、実は、従来の統計学とは大きく異なる手法が適する。従来の統計学は、特にビジネスインテリジェンスと呼ばれ、高密度データに要約統計を使用し、物事の計測や傾向を捉えてきた。ここで要約統計とは、標本の分布の特徴を代表的に表す統計学上の値で、記述統計量、基本統計量、代表値ともいう。一方、ビッグデータは低密度データに誘導統計を使用し、巨大なボリュームにより(回帰性等の)法則を推論するものである。むしろディープ・ラーニングなど数理科学的手法との相性が良い。

3.4.3 　ついにブレークしたAI

私が2歳の時、1956年のダートマス会議でジョン・マッカーシーによって初めて、AI(Artificial Intelligence、人工知能)という

言葉が産み出された。あまりにも衝撃的だったこの言葉は、長年、大きな期待と期待外れを繰り返し、長く冬の時代が続いていた。しかし、2006年に大きな転換点が訪れることとなった。

昨今のAIブームは、「第3次AIブーム」と呼ばれ、ブームを起こしたジェフリー・ヒントンは、ディープ・ラーニング（深層学習）という手法を発明した。今や、世界中、猫も杓子も、AIと言えばディープ・ラーニングである。これは、ニューラルネットという脳の神経系モデルを多層化して機械学習を繰り返すことで、機械学習の精度を上げていくというモデルで、教師がいなくても賢くなるモデルである。Google社の買収したイギリスのDeep-Mind社は、ディープ・ラーニングでチェス、将棋、囲碁に挑戦し、囲碁の世界チャンピオンにも4勝1敗で勝利し、その有効性を証明した。

この第3次AIブームを象徴する研究者が二人いる。特にムーアの法則に沿って半導体の集積度が2年に2倍くらい上がっているために、このままいくと「人間の脳の複雑さを凌駕する。少なくとも2045年には人間よりも賢い人工知能ができる」と、アメリカの数学者・計算機科学者、SF作家のヴァーナー・シュテファン・ヴィンジ（1944〜）と、現在GoogleのAIプロジェクトリーダーのレイモンド・カーツワイル（1948〜）が予測している。これがいわゆる「シンギュラリティ（Singularity、技術的特異点）」である。

ここで、シンギュラリティが大きな話題となり、アメリカ政府（労働省）がイギリス・オックスフォード大学に702の職業の中で、10年後になくなる職業に関する委託研究を出した。これに対応した論文が、オックスフォード大学のカール・フレイとマイケル・オズボーンによる「雇用の未来」である。その結果は衝撃的

人工知能が高確率で代替する業種例
● 銀行の融資担当者
● スポーツの審判
● 不動産ブローカー
● 電話オペレータ
● 給与／福利厚生担当者
● 保険の審査担当者
● クレジットカードの承認／調査員
● 弁護士助手
● 苦情処理／調査担当
● 簿記／会計／調査の事務員
● 金融機関のクレジットアナリスト
● 検査／分類／見本採取／測定作業員
etc. …

図 3-7　今後 10 年でなくなる仕事

で、今ある仕事の約半分がなくなるというものであった。本論文によれば（図 3-7）、銀行の融資担当者、スポーツの審判、不動産ブローカー、電話オペレーター、給与／福利厚生担当者などが AI の進化によってなくなる職業としてあげられている。

3.4.4　数理科学が拓く新たな AI／ビッグデータ／IoT による ビジネスモデルの大転換

AI／ビッグデータ／IoT の発展と応用分野の拡がりと共に、人間は単純労働から解放され、あらゆる産業分野におけるビジネスモデルの転換が起こっている。これは、一言で言うと「ビジネスモデルの数理科学的大転換」である。以下に動き出した新ビジネスモデルを紹介する。

インターネット以前の先進的企業は、いち早くこの「数理科学的手法」を導入している。

1847 年創業の電気機関車を世界で初めて開発したドイツを代

表する電機メーカーのシーメンス社は、ドイツ政府が主導するIoT／ビッグデータ／AIによる製造業革命 "Industrie 4.0" の中核を担う企業として自動車産業などを「スマート工場」化の中心的存在となっている。同社にも多くの「数理科学者」が活躍している。

1892年創業の発明王トーマス・エジソンが創った米GE(ゼネラル・エレクトリック)社には、強い事業が4つ(医療機器、ジェットエンジン、エネルギー、輸送機器)ある。同社は、これら全ての機器に各部品にセンサーを取り付けて、人体の健康状態をモニタリングする医療のヒントを得て、GE製のあらゆる機器の健康状態を「Predix Cloud」と呼ばれるクラウドで監視する仕組みを作り上げた。リアルタイムで全世界から収集される膨大なデータに対して、様々な「数理科学」を適用している。例えば、ジェットエンジンから収集されるセンサー情報の解析結果は、GEのジェットエンジンを搭載したボーイング社やエアバス社という飛行機メーカーのユーザーであるエアーライン(航空会社)に提供され、エアーライン各社はこの解析結果から、ジェットエンジンの燃焼状況を見て航路を決める。どの航路で飛ぶかは燃料に大きく影響する。これは、データそのものが商品だという典型例となっている。

1911年創業のIBM社は、1914年から社長を務め同社を発展させたトーマス・ワトソン(1874〜1956)に因んだワトソン研究所で開発された「Watson」と呼ばれるAIエンジンを、ソフトウェアデベロッパーに公開し、ビジネスの世界におけるエコシステム構築に取り組んでいる。このワトソン研究所におけるAIに関する研究開発費は1000億円以上と言われており、同研究所には多くの「数理科学者」が活躍している。

1975年創業のマイクロソフト社は、世界中のPCを介してWindowsユーザーから収集されるビジネスマンのデータに対して、「数理科学的手法」を用いて同社のクラウドサービス「Azure」の持つAIの改良を続けている。

　インターネット以後に誕生した1994年創業のアマゾン・ドットコム社が非常に強いのは、アメリカをはじめ世界中の消費者に向けてAIアシスタントのAlexa（アレクサ）を搭載したAIスピーカー「Amazon Echo」を2015年から本格的に売り始め、2017年に2400万台が販売された中で、同社の同年シェアは約70％とされ、google社の15％を大きく引き離している。この「Amazon Echo」対応のクラウドサービスの開発に、多くの「数理科学者」が参加していて、消費者がAIスピーカーに何かを頼むたびに賢くなっていく仕組みを開発している。

　1998年創業のgoogle社は、世界中から優秀な「数理科学人材」を集め、ディープ・ラーニングの産みの親であるジェフリー・ヒントン（1947～）を招聘し、AIだけで年間約1000億円以上の研究開発費をかけているといわれる。また「AlphaGo」のDeepMind社など1年間に20社くらいAI関連企業を買収している。

　2004年創業のフェイスブック社は、ディープ・ラーニングの開発のリーダーだったヤン・ルカンをスカウトしてAI研究所を作った。そこでは多くの「数理科学者」が、毎日入ってくるFacebook上での会話や写真のビッグデータを学習して、人工知能の精度を上げているとされる。また、AI関連企業を年間約10社買収している。

　このように、アメリカのIBM、マイクロソフト、アマゾン、グーグル、フェイスブックという5社が人工知能への取組みの共通点は、利用者から多くのデータを集める仕組みを持っていること

である。結果として、多くのユーザーが、データ収集に協力しているために、同5社のAIエンジンは日に日に賢くなっている。

では、日本のAI／ビッグデータ／IoT分野での企業活動に目を転じよう。1921年創業の建設機械のコマツで有名な小松製作所が、ATM機器からの現金強奪目的で盗難が相次いだパワーショベルの盗難対策でGPS機能とインターネットによるデータ通信機能が付加されたことをきっかけに、建設機械のリモートメンテナンスへ、そして自動運転へという先端企業の代表格となっている。建設機械業界が「数理科学」に取り組み始めた。

1972年創業の産業ロボットのファナック社では、日本のベンチャーのプリファードネットワークス社や、アメリカのシスコシステムズ社と組んで、ロボットが造るロボット工場を指向している。工場内にある「フォグ」というサーバー部に情報を集める「エッジコンピューティング」を特徴とした展開を行っている。産業用ロボット業界が「数理科学」に取り組み始めた。

日本を代表する自動車業界は、今、4つの大きなトレンドの変化が起こっている。第1に、つながるクルマ、すなわちコネクテッドへの変化である。第2に、所有から利用へと変わるライドシェアリングである。第3に、化石燃料エンジンから電気モーター駆動への移行である。第4に、自動運転である。この新たな変化に対応して、1837年創業のトヨタ自動車は、2001年に株式会社トヨタIT開発センターを設立し、現在コネクテッドカンパニーを中心に自動車向けのクラウドサービスを拡充中である。また、DARPA(米国防総省高等研究計画局)の研究リーダーをしていたギル・プラットを招聘して、2017年にAIの開発拠点として、シリコンバレーに新会社TRI(トヨタ・リサーチ・インスティテュート)を約1000億円かけて設立している。自動車業界が「数理科

学」に取り組み始めた。

　日本国有鉄道の民営化から誕生した特筆すべき企業がJR東日本である。2016年11月8日発表された中長期ビジョンに、IoT、ビッグデータ、AIを使ってモビリティ革命を起こすと宣言し、「サービス＆マーケティング」として、シームレスにDoor to Doorサービスを実現するとしている。JRの従来サービスは駅から駅で、せいぜい駅ビルを充実させることだったが、家から目的地まで面倒見るような会社になると宣言したわけである。鉄道業界が「数理科学」に取り組み始めた。

　みずほフィナンシャルグループ（FG）は、AIを使って企業の返済能力を自動的に審査する中小企業向け新型融資を2018年に開始した。金融業界が「数理科学」に取り組み始めた。

　私の企業グループでも同分野に取り組んでいる。株式会社インターネット総合研究所（IRI）では、名古屋大学小澤正直研究室とディープ・ラーニングとは異なる次世代AIアルゴリズムの共同研究に取り組んでいる。また、IRI、NTTドコモ、みずほ証券の合弁会社のモバイル・インターネットキャピタル社では、同分野の日本のベンチャー企業への集中投資を行っている。また、株式会社ブロードバンドタワーでは、豊橋技術科学大学とマイクロソフト社と共同で、最も何度の高い日本語と英語との自動翻訳システムの共同開発を行っている。ブロードバンドタワーの子会社の株式会社AIスクエアでは、音声と自然言語処理に特化した多層型ディープ・ラーニングによるAIの研究開発に特化しており、コールセンター等の自動応答を可能とするRPA（ロボテック・プロセス・オートメーション）システムや自動要約システムの開発を行っている。また、インタープロテイン社と創薬AIの共同開発を行っている。当社グループの技術の中心は、国内外の数学オ

リンピック優勝などの経歴を持つ「数理科学者」である。

3.4.5 「数理科学」による「AI／ビッグデータ／IoT」ビジネスの成功へ向けて

　本書ではこれまで、人類の歴史から今日に至るまでいかに「数学」が重要で、「数学」の知恵がコンピュータの発明と共に「数理科学」へと発展してきたかについて述べてきた。そこで、本書の最後に、「数理科学」による「AI／ビッグデータ／IoT」ビジネスを通じての国際競争力を如何に向上させるかについて述べてみたい。要点は、以下の4点に集約される。

　第1に、データ量の視点からの戦略の重要性である。データ量から見るインターネット関連企業の国際競争力の差として、検索エンジンでの「グーグル」vs「ヤフージャパン」、Eコマースでの「アマゾン」vs「楽天」、SNSでの「フェイスブック」vs「ミクシィ」では、情報の差が一桁以上差がある。一方、国策としてアメリカ企業を締め出している中国では、検索エンジンの「百度」、Eコマースの「アリババ」、SNSの「微信（WeChat）」と「微博（Weibo）」はコミュニケーションツールとしてユーザー数を増加し続けている。これらのサービスを運用する中国企業の企業価値は、米国企業並みである。その理由に、言語障壁がある。英語と中国語と比較して、日本語を話す国民は、一桁以上少ないことからユーザー数で勝負にならない。おのずと、母数で決まるヒト相手のインターネット・サービスでは、AIのサービスにも不利である。

　すなわち、日本のインターネット・サービスのAIについてはデータ量で負けている。今のAIは、ロケットに例えることができる。ロケットはエンジンと燃料で決まる。ロケットの中で重要

なエンジンは、AIではディープ・ラーニングというエンジンで決まりである。ディープ・ラーニングの技術そのものは、日本もアメリカも中国も変わらない。非常にオープンなテクノロジーとなっている。問題は燃料で、燃料はデータ量に相当し、これがアメリカ企業と日本企業と中国企業の差がついているのである。ところが、IoTの世界は言語障壁はないので、データ量を集める仕組みさえあればこれは結構勝てる。例えば建設機械のコマツが、世界でもかなりのシェアを持ち、前述のごとく同業界で最初にIoTに取り組んだために、多くの建設現場のデータを毎日集める仕組みがあり、非常に強い。

　従って、日本に勝機のある分野はどこなのかを見定めるべきである。AI自体の価値というよりも、多くのデータ量が取れる分野を狙うべきである。製造業、小売業、コネクテッドカー、FinTech等、着想次第でいくらでもチャンスがある。

　第2に、「ビジネスモデルを数理科学的に飛躍的に変革する」ということである。これまでの日本の企業は実績を重視する。新しいものに実績なんかあるはずがない。実績がなくても数理科学的に正しいものを採用し、「新しいものから価値を生み出す力」が重要である。具体的には、モノを売り切るモデルから脱却し、高齢化社会であることを活かし、AIによる最適化を図り、シェアリングエコノミーによって資源の有効活用を図る革新的なビジネスモデルの構築に経営資源を集中すべきである。

　第3は、「オープンイノベーション」の推進である。1社でできることは限られている。産業界でできることは限られている。できるだけ多くの企業とできるだけ多くの学術研究期間とアライアンスする力が勝負になってくる。私は、今度「オープン・イノベーション・コンソーシアム」という組織を、自らが理事長を務め

る一般財団法人インターネット協会を中心に立ち上げたところである。できるだけ多くの大学に入ってもらおうということで、北海道大、東北大、東京大、東京工業大、一橋大、早稲田大、慶應義塾大、名古屋大、京都大、大阪大、九州大に入ってもらってスタートした。そして、大企業だけではなく、様々なベンチャーや中小企業と大学の研究室とをマッチングして、大学の研究者と企業のニーズとが合致する共同研究開発を推進するための仕組みづくりを行うのである。

これに類似の活動をやっている組織がドイツにある。フラウンホーファー研究所は、日本でいうと産業技術総合研究所に近い組織だが、大きく違うことがある。産業技術総合研究所の研究費は大半が経済産業省から出ているが、フラウンホーファー研究所の7割は民間資金である。3割だけドイツ政府が出している。また、研究開発費の7割のうちの半分が大企業、半分が中小企業からである。企業は、寄附金を出しているわけではなく、研究費の見返りの研究成果を受けている。同研究所はドイツ全国に67拠点あり、日本でいうと国立大学の数(82校、2017年度)に近い。

第4に、日本が活かすべきは、AI／ビッグデータ／IoTビジネスの優位性としての5G(第5世代モバイル通信システム)時代の到来である。それは、日本の国土の特性から、モバイル通信用基地局の設備投資効率が世界でも最も良いことと、東京五輪2020がやってき来るという点である。5Gの特徴は、超高速(現在主流の4Gの約100倍、10 Gbps)、多地点同時接続(平方キロメートル当たり100万台同時接続)、超低遅延(1ミリ秒)ができるという仕様にある。例えば東京ドームの満員の観衆が同時アクセスしても対応可能な仕様である。4Gまでの携帯電話、スマートフォン、タブレット向けのインフラではなく、自動車分野、産業機器分野、

ホームセキュリティ分野、スマートメータ分野、その他 IoT 分野を広範にカバーする全く新しいモバイル通信インフラの時代が間もなく訪れることになる。この超高速ネットワークの時代に、数理科学者が躍動する国にすることで、リアルタイム AI の時代を日本が世界に先駆けて拓くことを期待したい。

附録　第2章で紹介した各賞の受賞者一覧

● アーベル賞（120ページ）

2003年▶ジャン＝ピエール・セール［Jean-Pierre Serre、1926～、フランス］
　位相幾何学、代数幾何学、および整数論を含む、数学の多くの部分の現代的な形式の形成において重要な役割を果たしたことに対して。

2004年▶マイケル・アティヤ［Michael Francis A、1929～、イギリス］
　　　　イサドール・シンガー［Isadore Manual Singer、1924～、アメリカ］
　トポロジー、幾何学、および解析学を集合することによって指数の法則の発見とその証明をなし、数学と理論物理学の間に新しい掛け橋をつくる作業において顕著な役割をはたした、その功績に対して。

2005年▶ピーター・ラックス［Peter D. Lax、1926～、ハンガリー］
　偏微分方程式の理論とアプリケーションへの草分け的な業績、および、それらの解の計算法の業績に対して。

2006年▶レオナルト・カルレソン［Lennart Carleson、1928～、スウェーデン］
　調和解析学と可微分力学系理論への深遠かつ影響力の大きい貢献に対して。

2007年▶S. R. シュリニヴァーサ・ヴァラダン［S. R. Srinivasa Varadhan、1940～、インド］
　確率論への基本的貢献、とりわけ大偏差に関する統一理論の創造に対して。

2008年▶ジョン・G. トンプソン［John Griggs Thompson、1932～、アメリカ］
　　　　ジャック・ティッツ［Jacques Tits、1930～、アメリカ］
　代数学、特に現代群論の構築における重要な業績に対して。

2009年▶ミハイル・グロモフ［Mikhael Leonidovich Gromov、1943～、フランス／ロシア］
　幾何学への革命的な寄与に対して。

2010年▶ジョン・テイト［John Tate、1925～、アメリカ］
　整数論への甚大かつ永続的な影響力に対して。

2011年▶ジョン・ウィラード・ミルナー［John Willard Milnor、1931～、アメリカ］
　トポロジー、幾何学及び代数学における先駆的な発見に対して。

2012年▶エンドレ・セメレディ［Endre Szemerédi、1940～、ハンガリー］
　離散数学と理論計算機科学への貢献、加法的整数論とエルゴード理論への影響に対して。

2013年▶ピエール・ドリーニュ［Pierre Deligne、1944～、ベルギー］
　代数幾何学への発展性ある貢献と、数論、表現論、及び関連分野に変化をもたらした、その強い影響力に対して。

2014年▶ヤコフ・シナイ［Yakov Sinai、1935～、アメリカ／ロシア］
　力学系、エルゴード理論、数理物理学への基本的な貢献に対して。

2015年▶ジョン・ナッシュ［John Forbes Nash Jr.、1928～2015、アメリカ］
　　　　ルイス・ニーレンバーグ［Louis Nirenberg、1925～、アメリカ］

非線形偏微分方程式論とその幾何解析への応用への顕著にして独創的な貢献に対して。
2016 年 ▶ アンドリュー・ワイルズ[Andrew Wiles、1953〜、イギリス]
数論に新時代を開いた、半安定楕円曲線のモジュラー性予想の方法による素晴らしいフェルマーの最終定理の証明に対して。
2017 年 ▶ イヴ・メイエ[Yves Meyer、1939〜、フランス]
数学的ウェーブレット理論の発展における重要な役割に対して。
2018 年 ▶ ロバート・ラングランズ[Robert Langlands、1936〜、カナダ/アメリカ]
表現論と数論を結びつける、先見的なプログラムに対して。

● ラマヌジャン賞(120 ページ)
2005 年 ▶ マルセロ・ビアナ[Marcelo Viana、ブラジル]
2006 年 ▶ ラムドライ・スジャータ[Ramdorai Sujatha、インド]
2007 年 ▶ ホルヘ・ラウレット[Jorge Lauret、アルゼンチン]
2008 年 ▶ エンリケ・プハルス[Enrique R. Pujals、ブラジル]
2009 年 ▶ エルネスト・ルペルシオ[Ernesto Lupercio、メキシコ]
2010 年 ▶ 史宇光[Yuguang Shi、中国]
2011 年 ▶ フィリベール・ナン[Philibert Nang、ガボン]
2012 年 ▶ フェルナンド・コーダ・マルケス[Fernando CodáMarques、ブラジル]
2013 年 ▶ 田野[Tian Ye、中国]
2014 年 ▶ ミゲル・ウォルシュ[Miguel Walsh、アルゼンチン]
2015 年 ▶ アマレンデュ・クリシュナ[Amalendu Krishna、インド]
2016 年 ▶ 許晨陽[許晨阳、Chenyang Xu、中国]
2017 年 ▶ エドゥアルド・テイシェイラ[Eduardo Teixeira、ブラジル]

● ヴェブレン賞(121 ページ)
第 1 回(1964 年) ▶ クリストス・パパキリアコプロス[C. D. Papakyriakopoulos、1914〜1976、ギリシア]
On Solid Tori, Ann. of Math, Ser. 2, vol. 66, 1957 及び On Dehn's lemma and the asphericity of knots, Proceedings of the National Academy of Sciences, vol. 43, 1957 に対して。
第 2 回(1964 年) ▶ ラウル・ボット[Raoul Bott、1923〜2005、ハンガリー]
The space of loops on a Lie group, Michigan Math. J., vol. 5, 1958 及び The stable homotopy of the classical groups, Ann. of Math., ser. 2, vol. 70, 1959 に対して。
第 3 回(1966 年) ▶ スティーヴン・スメイル[Steve Smale、1930〜、アメリカ]
微分トポロジーにおけるさまざまな貢献に対して。
第 4 回(1966 年) ▶ モートン・ブラウン[Morton Brown、1931、アメリカ]
バリー・メイザー[Barry Charles Mazur、1937〜、アメリカ]

generalized Schoenflies theorem に関する業績に対して。

第 5 回（1971 年）▶ロビオン・カービィ［Robion C. Kirby、1938～、アメリカ］
Stable homeomorphisms and the annulus conjecture, Ann. of Math., Ser. 2, vol. 89, 1969 に対して。

第 6 回（1971 年）▶デニス・サリヴァン［Dennis Sullivan、1941～、アメリカ］
On the Hauptvermutung for manifolds, Bull. AMS, vol. 73, 1967 に対して。

第 7 回（1976 年）▶ウィリアム・サーストン［William Thurston、1946～2012、アメリカ］
葉層構造の業績に対して。

第 8 回（1976 年）▶ジェームズ・シモンズ［James Simons、1938～、アメリカ］
極小多様体と特性形式の業績に対して。

第 9 回（1981 年）▶ミハイル・グロモフ［Mikhael Gromov、1943～、ロシア／フランス］
リーマン多様体の幾何学とトポロジーの業績に対して。

第 10 回（1981 年）▶丘成桐［シン＝トゥン・ヤウ、Shing-Tung Yau、1949～、アメリカ（中国系）］
非線形偏微分方程式、微分多様体のトポロジー、コンパクト複素多様体のコンパクトモンジュ・アンペール方程式に関する業績に対して。

第 11 回（1986 年）▶マイケル・フリードマン［Michael Freedman、1951～、アメリカ］
微分幾何学。特に 4 次元ポアンカレ予想の解決に対して。

第 12 回（1991 年）▶アンドリュー・キャッソン［Andrew Casson、1943～、］
低次元多様体のトポロジーに関する業績に対して。

▶クリフォード・タウベス［Clifford H. Taubes、1954～、］
ヤン-ミルズ理論の業績に対して。

第 13 回（1996 年）▶リチャード・S. ハミルトン［Richard Hamilton、1943～、アメリカ］
リッチフローとリーマン計量に対する放物型方程式に関する業績に対して。

▶田剛［ティェン・ガン、Gang Tian、1958～、中国］
幾何学的解析への貢献に対して。

第 14 回（2001 年）▶ジェフ・チーガー［Jeff Cheeger、1943～、アメリカ］
微分幾何学の業績に対して。

▶ヤコフ・エリアシュベルグ［Yakov Eliashberg、1946～、ソビエト連邦／アメリカ］
シンプレクティックおよび接触トポロジーの業績に対して。

▶マイケル・ホプキンス［Michael J. Hopkins、1958～、アメリカ］
ホモトピー理論の業績に対して。

第 15 回（2004 年）▶デイヴィッド・ガバイ［David Gabai、1954～、アメリカ］
幾何学的トポロジー。特に 3 次元多様体の業績に対して。

第 16 回（2007 年）▶ピーター・クロンハイマー［Peter Kronheimer、1963～、イギリス］
　　　　　　　　　トマス・ムロフカ［Tomasz Mrowka、1961～、アメリカ］
deep analytical techniques とその応用による 3 次元および 4 次元トポロジーへの貢献。

▶ピーター・オジュバット［Peter Ozsváth、1967〜、アメリカ］
ゾルターン・サボー［Zoltán Szabó、1965〜、ハンガリー］
ヘガードフレアーホモロジー論による3次元および4次元トポロジーへの貢献。
第17回（2010年）▶トビアス・コールディング［Tobias Colding,、デンマーク］
ウィリアム・ミニコッティⅡ［William Minicozzi II、1967〜、アメリカ］
3次元多様体の有界種数に基づく極小面研究への貢献。
▶ポール・サイデル［Paul Seidel、1970〜、イタリア］
シンプレクティック幾何学（シンプレクティック多様体［斜交ベクトル空間、斜交形式］と呼ばれる非退化反対称双線型形式を備えたベクトル空間上で展開される幾何学）における貢献。
第18回（2013年）▶イアン・アゴル［Ian Agol、1970〜、アメリカ］
双曲幾何学（ロバチェフスキー幾何学）、3次元多様体トポロジー、幾何学的群論における貢献。
▶ダニエル・ワイズ［Daniel Wise、1971〜、アメリカ］
3次元多様体のトポロジーに基本的に重要な特別立方複体理論の構築、部分群の分離性についての貢献。
第19回（2016年）▶フェルナンド・コーダ・マルキー［Fernando Codá Marques、1979〜、ブラジル］
アンドレ・ネーベ［André Neves、1975〜、ポルトガル］
5次元サイクル空間の中での最小化の研究を通じて、クリフォード・トーラス（最もシンプルで対照的な4次元ユークリッド空間）が最小化する性質とその重要なユニークさを証明等への貢献。

●コール賞（121ページ）
①代数部門受賞者
第1回（1928年）▶レナード・ユージン・ディクソン［Leonard Eugene Dickson、1874〜1954、アメリカ］
Algebren und ihre Zahlentheorie, Orell Fuüssli, 1927に対して。
第2回（1939年）▶エイブラハム・エイドリアン・アルバート［Abraham Adrian Albert、1905〜1972、アメリカ］
Annals of Mathematics, Ser. 2, Vol. 35, 1934; Vol. 36, 1935に掲載されたリーマン行列に関する諸論文に対して。
第3回（1944年）▶オスカー・ザリスキ［Oscar Zariski、1899〜1986、ロシア／アメリカ］
American Journal of Mathematics, Vol. 61, 1939; Vol. 62, 1940 及び Annals of Mathematics, Ser. 2, Vol. 40, 1939; Vol. 41, 1940に掲載された代数多様体に関する諸論文に対して。
第4回（1949年）▶リチャード・ブラウアー［Richard Dagobert Brauer、1901〜1977、ドイツ］

"On Artin's L-series with general group characters", Annals of Mathematics, Ser. 2, Vol. 48, 1947 に対して。

第5回(1954年)▶ハリシュ=チャンドラ[Harish-Chandra、1923～1983、インド]

"On some applications of the universal enveloping algebra of a semisimple Lie algebra", Transactions of the American Mathematical Society, Vol. 70, 1951 をはじめとする諸論文に対して。

第6回(1960年)▶サージ・ラング[Serge Lang、1927～2005、フランス]

"Unramified class field theory over function fields in several variables", Annals of Mathematics, Ser. 2, Vol. 64, 1956 に対して。

▶マックスウェル・ローゼンリヒト[Maxwell Alexander Rosenlicht、1924～1999、アメリカ]

"Generalized Jacobian varieties", Annals of Mathematics, Series 2, Vol. 59, 1954; "A universal mapping property of generalized Jacobians", Annals of Mathematics, Ser. 2, Vol. 66, 1957 に対して。

第7回(1965年)▶ヴァルター・ファイト[Walter Feit、1930～2004、オーストリア／アメリカ]

ジョン・トンプソン[John Griggs Thompson、1932～、アメリカ]

二人の共著論文 "Solvability of groups of odd order", Pacific Journal of Mathematics, Vol. 13, 1963 に対して。

第8回(1970年)▶ジョン・スターリングス[John Robert Stallings Jr.、1935～2008、アメリカ]

"On torsion-free groups with infinitely many ends", Annals of Mathematics, Ser. 2, Vol. 88, 1968 に対して。

▶リチャード・スワン[Richard Gordon Swan、1933～、アメリカ]

"Groups of cohomological dimension one", Journal of Algebra, Vol. 12, 1969 に対して。

第9回(1975年)▶ハイマン・バス[Hyman Bass、1932～、アメリカ]

Unitary algebraic K-theory, Springer Lecture Notes in Mathematics, Vol. 343, 1973 に対して。

▶ダニエル・キレン[Daniel Gray "Dan" Quillen、1940～2011、アメリカ]

Higher algebraic K-theories, Springer Lecture Notes in Mathematics, Vol. 341, 1973 に対して。

第10回(1980年)▶マイケル・アッシュバチャー[Michael Aschbacher、1944～、アメリカ]

"A characterization of Chevalley groups over fields of odd order", Annals of Mathematics, Ser. 2, Vol. 106, 1977 に対して。

▶メルヴィン・ホクスター[Melvin Hochster、1943～、アメリカ]

Topics in the homological theory of commutative rings, CBMS Regional Conference Series in Mathematics, No. 24, AMS, 1975 に対して。

第 11 回(1985 年)▶ジョージ・ルスティック[George Lusztig、1946〜、ルーマニア／アメリカ]
"Characters of reductive groups over finite fields", Annals of Mathematics Studies, Vol. 107, Princeton University Press, 1984 をはじめとする諸業績に対して。
第 12 回(1990 年)▶森 重文[Shigefumi Mori、1951〜、日本]
"Flip theorem and the existence of minimal models for 3-folds", Journal of the American Mathematical Society, Vol. 1, 1988 をはじめとする諸業績に対して。
第 13 回(1995 年)▶ミッシェル・レイノー[Michel Raynaud、1938〜2018、フランス]
"Revêtements de la droite affine en caractéristique p > 0", Inventiones Mathematicae, 116, 1994 に対して。
▶デイビット・ハーバター[David Harbater、1952〜、アメリカ]
"Abhyankar's conjecture on Galois groups over curves", Inventiones Mathematicae 117, 1994 に対して。
第 14 回(2000 年)▶アンドレイ・ススリン[Andrei Suslin、1950〜、ソビエト連邦／ロシア]
モチーフ的コホモロジーに関する諸業績に対して。
▶アイセ・ヨハン・デ・ヨング[Aise Johan de Jong、1966〜、ベルギー／オランダ]
一般的な有限写像による特異点解消に関する諸業績に対して。
第 15 回(2003 年)▶中島 啓[Hiraku Nakajima、1962〜、日本]
表現論および幾何学における諸業績に対して。
第 16 回(2006 年)▶ヤノシュ・コラール[János Kollár、1956〜、ハンガリー]
ナッシュ予想への貢献と有理連結多様体の理論における重要な業績に対して。
第 17 回(2009 年)▶クリストファー・ハコン[Christopher Derek Hacon、1970〜、イギリス／イタリア／アメリカ]
ジェームス・マッカーナン[James McKernan、1964〜、イギリス]
より高い次元の双有理代数幾何学に関する彼らの草分け的な共同の貢献に対して。
第 18 回(2012 年)▶アレクサンダー・メルケルジェフ[Alexander Merkurjev、1955〜、ロシア]
群の essential dimension に関する業績に対して。
第 19 回(2015 年)▶ピーター・ショルツ[Peter Scholze、1987〜、ドイツ]
ウェイト・モノドロミー予想(weight-monodromy conjecture、ピエール・ドリーニュにより 1970 年の国際数学者会議において提出された予想)の重要な特殊な場合の解を導く Perfectoid 空間に関する業績に対して。
第 20 回(2018 年)▶ロバート・グラルニック[Robert Guralnick]
表現論、コホモロジー、有限準単純群の部分群構造と他の数学分野への広範な適用に関する業績。

②数論部門受賞者
第 1 回(1931 年)▶ハリー・シュルツ・ヴァンディヴァー[Harry Schultz Vandiver、1882〜1973、アメリカ]

フェルマーの最終定理に関する諸論文に対して。

第2回(1941年)▶クロード・シュヴァレー[Claude Chevalley、1909〜1984、南アフリカ／フランス]

"La théorie du corps de classes", Annals of Mathematics, Ser. 2, Vol. 41, 1940 に対して。

第3回(1946年)▶ヘンリー・ベルトールト・マン[Henry Berthold Mann、1905〜2000、オーストリア／アメリカ]

"A proof of the fundamental theorem on the density of sums of sets of positive integers", Annals of Mathematics, Ser. 2, Vol. 43, 1942 に対して。

第4回(1951年)▶ポール・エルデシュ[Paul Erdös、1913〜1996、ハンガリー]

"On a new method in elementary number theory which leads to an elementary proof of the prime number theorem", Proceedings of the National Academy of Sciences, Vol. 35, 1949 をはじめとする諸論文に対して。

第5回(1956年)▶ジョン・テイト[John Torrence Tate Jr.、1925〜、アメリカ]

"The higher dimensional cohomology groups of class field theory", Annals of Mathematics, Ser. 2, Vol. 56, 1952 に対して。

第6回(1962年)▶岩澤健吉[Kenkichi Iwasawa、1917〜1998、日本]

"Gamma extensions of number fields", Bulletin of the American Mathematical Society, Vol. 65, 1959 に対して。

▶バーナード・ドゥワーク[Bernard Morris Dwork、1923〜1998、アメリカ]

"On the rationality of the zeta function of an algebraic variety", American Journal of Mathematics, Vol. 82, 1960 に対して。

第7回(1967年)▶ジェームズ・アックス[James Burton Ax、1937〜2006、]
         サイモン・コッヘン[Simon Bernhard Kochen、1934〜、カナダ]

"Diophantine problems over local fields. I, II, III", American Journal of Mathematics, Volume 87, 1965; Annals of Mathematics, Ser. 2, Vol. 83, 1966 に対して。

第8回(1972年)▶ヴォルフガング・シュミット[Wolfgang M. Schmidt、1933〜、オーストリア]

"On simultaneous approximation of two algebraic numbers by rationals", Acta Mathematica, Vol. 119, 1967; "T-numbers do exist", Symposia Mathematica, Vol. IV, Academic Press, 1970; "Simultaneous approximation to algebraic numbers by rationals", Acta Mathematica, Vol. 125, 1970; "On Mahler's T-numbers", Proceedings of Symposia in Pure Mathematics, Vol. 20, AMS, 1971 に対して。

第9回(1977年)▶志村五郎[Goro Shimura、1930〜、日本]

"Class fields over real quadratic fields and Heche operators", Annals of Mathematics, Ser. 2, Vol. 95, 1972; "On modular forms of half integral weight", Annals of Mathematics, Ser. 2, Vol. 97, 1973 に対して。

第10回(1982年)▶ロバート・ラングランズ[Robert Phelan Langlands、1936〜、カナダ／

アメリカ]
"Base change for $GL(2)$", Annals of Mathematics Studies, Vol. 96, Princeton University Press, 1980 をはじめとする諸業績に対して。
▶バリー・メイザー[Barry Charles Mazur、1937〜、アメリカ]
"Modular curves and the Eisenstein ideal", Publications Mathematiques de l'Institut des Hautes Etudes Scientifiques, Vol. 47, 1977 をはじめとする諸業績に対して。

第 11 回(1987 年)▶ドリアン・ゴールドフェルド[Dorian Morris Goldfeld、1947〜、アメリカ]
"Gauss's class number problem for imaginary quadratic fields", Bulletin of the American Mathematical Society, Vol. 13, 1985 に対して。
▶ベネディクト・グロス[Benedict Hyman Gross、1950〜、アメリカ]
ドン・ザギエ[Don Bernard Zagier、1951〜、西ドイツ／アメリカ]
二人の共著論文 "Heegner points and derivatives of L-Series", Inventiones Mathematicae, Vol. 84, 1986 に対して。

第 12 回(1992 年)▶カール・ルービン[Karl Rubin、1956〜、アメリカ]
"Tate-Shafarevich groups and L-functions of elliptic curves with complex multiplication and The "main conjectures" of Iwasawa theory for imaginary quadratic fields", Inventiones Mathematicae, Vol. 103, 1991 をはじめとする諸業績に対して。
▶ポール・ボタ[Paul Vojta、1957〜、アメリカ]
"Siegel's theorem in the compact case", Annals of Mathematics, Vol. 133, 1991 をはじめとする諸業績に対して。

第 13 回(1997 年)▶アンドリュー・ワイルズ[Andrew John Wiles、1953〜、イギリス]
"Modular elliptic curves and Fermat's Last Theorem", Annals of Mathematics, Vol. 141, 1995 に対して。

第 14 回(2002 年)▶ヘンリク・イワニッチ[Henryk Iwaniec、1947〜、アメリカ]
解析的整数論に対する寄与に対して。
▶リチャード・テイラー[Richard Lawrence Taylor、1962〜、イギリス／アメリカ]
代数的整数論に対する顕著な貢献に対して。

第 15 回(2005 年)▶ピーター・サルナック[Peter Clive Sarnak、1953〜、南アフリカ、アメリカ]
Random Matrices, Frobenius Eigenvalues and Monodrom, AMS, 1998 をはじめとする諸業績に対して。

第 16 回(2008 年)▶マンジュル・バルガヴァ[Manjul Bhargava、1974〜、カナダ／アメリカ]
高次合成則(higher composition laws)への革命的業績に対して。

第 17 回(2011 年)▶チャンドラセカール・カーレ[Chandrashekhar Khare、1968〜、インド]

ジャン=ピエール・ウィンテンバーガー[Jean-Pierre Wintenberger、1954〜、フランス]

Serre's modularity 予想の証明に関する業績。

第18回(2014年)▶イタン・ジャン[Yitang Zhang、1955〜、中国]

「bounded gaps between primes」差が7000万以下の双子素数なら無限に存在することの証明。

▶ダニエル・ゴールドストン[Daniel Goldston、1954〜、アメリカ]

ヤーノス・ピンツ[János Pintz、1950〜、ハンガリー]

セム・イルディリム[Cem Y. Yıldırım、1961〜、トルコ]

双子素数の平均的ギャップと比較して、我々が望むのと同じくらい隙間が小さい数素数が無限にあることの証明。

第19回(2017年)▶ヘンリ・ダルモン[Henri Darmon、1965、フランス／カナダ]

楕円曲線とモジュラー形式(モジュラー群という大きな群についての対称性をもつ上半平面上の複素解析的函数)の算術への貢献。

●ボッチャー記念賞(122ページ)

1923年▶ジョージ・デビット・バーコフ[George David Birkhoff]
1924年▶Eric Temple Bell、ソロモン・レフシェッツ[Solomon Lefschetz]
1928年▶James W. Alexander
1933年▶Marston Morse、ノーバート・ウィーナー[Norbert Wiener]
1938年▶ジョン・フォン・ノイマン[John von Neumann]
1943年▶ジェス・ダグラス[Jesse Douglas]
1948年▶Albert Schaeffer、Donald Spencer
1953年▶Norman Levinson
1959年▶ルイス・ニレンバーグ[Louis Nirenberg]
1964年▶ポール・コーエン[Paul Cohen]
1969年▶イサドール・シンガー[Isadore Singer]
1974年▶Donald Samuel Ornstein
1979年▶アルベルト・カルデロン[Alberto Calderón]
1984年▶ルイス・カファレリ[Luis Caffarelli]、Richard Melrose
1989年▶Richard Schoen
1994年▶Leon Simon
1999年▶Demetrios Christodoulou、Sergiu Klainerman、Thomas Wolff
2002年▶Daniel Tataru、テレンス・タオ[Terence Tao]、Fanghua Lin
2005年▶Frank Merle
2008年▶Alberto Bressan、チャールズ・フェファーマン[Charles Fefferman]、Carlos Kenig
2011年▶Assaf Naor、Gunther Uhlmann

2014 年 ▶ Simon Brendle
2017 年 ▶ Andras Vasy

● **スティール賞**（122 ページ）
① 生涯の業績部門
1993 年 ▶ ユージン・ディンキン［Eugene B. Dynkin、1924〜2014、ソ連出身アメリカ］
確率論、代数学、半単純リー群、リー代数、マルコフ過程。
1994 年 ▶ ルイス・ニーレンバーグ［Louis Nirenberg、1925〜、カナダ出身アメリカ］
線形・非線形偏微分方程式分野での基本的貢献、複素解析、幾何学。
1995 年 ▶ ジョン・テイト［John Torrence Tate、1925〜、アメリカ］
代数的整数論、類体論、ガロアコホモロジー、ガロア表現、L 関数とその特殊値、モジュラー形式、楕円曲線、アーベル多様体。
1996 年 ▶ 志村五郎［Goro Shimura、1930〜、日本］
谷山-志村予想によってフェルマー予想の解決に貢献、アーベル多様体の虚数乗法論の高次元化、アーベル多様体のモジュライ理論とモジュライに対応する CM 体上のアーベル拡大を記述する保型関数を構成し志村多様体論を展開しヒルベルトの 23 の問題における第 12 問題へ貢献。
1997 年 ▶ ラルフ・フィリップス［Ralph S. Phillips、1913〜1998、アメリカ］
関数解析、特に散乱理論・サーボ機構の関数解析。
1998 年 ▶ ナサン・ジェコブソン［Nathan Jacobson、1910〜1999、チェコ／アメリカ］
抽象代数学、ジェイコブソンラジカル［根基］、ジェイコブソン環。
1999 年 ▶ リチャード・カディソン［Richard V. Kadison、1925〜、アメリカ］
抽象代数学、作用素環論。
2000 年 ▶ イサドール・シンガー［Isadore Manual Singer、1924〜、ユダヤ系アメリカ］
微分幾何学、マイケル・アティヤと共同のアティヤ-シンガーの指数定理は 20 世紀の微分幾何学における最も重要な定理とされる。
2001 年 ▶ ハリー・ケステン［Harry Kesten、1931〜、ドイツ／アメリカ］
確率論、群とグラフにおけるランダムウォーク（次に現れる位置が確率的に無作為に決定される運動、乱歩、酔歩）。
2002 年 ▶ マイケル・アーチン［Michael Artin、1934〜、ドイツ／アメリカ］
代数幾何、アーチン近似。
▶ エリアス・シュタイン［Elias Stein、1931〜、ベルギー／アメリカ］
解析学、調和解析。
2003 年 ▶ ロナルド・グラハム［Ronald Graham、1935〜、アメリカ］
離散数学、スケジューリング理論、計算幾何、ラムゼー理論（一定の秩序がどのような条件の下で必ず現れるかを研究する数学）。
▶ ヴィクトル・ギルマン［Victor Guillemin、1937〜、アメリカ］
シンプレクティック幾何学、微視的局所解析、スペクトル理論、数理物理学。

2004 年 ▶ キャサリン・モラウェッツ［Cathleen Synge Morawetz、1923〜2017、カナダ］
流体の偏微分方程式、特に遷音速流（音速近辺）の偏微分方程式。
2005 年 ▶ イズライル・ゲルファント［Israil Moiseevich Gelfand、1913〜2009、ウクライナ出身ユダヤ系ロシア］
関数解析学、表現論、無限次元リー環、微分方程式、数値解析、調和解析、確率論、等質空間論、代数幾何学、積分幾何学、20 世紀最大の数学者の 1 人とされる。
2006 年 ▶ フレデリック・ゲーリング［Frederick W. Gehring、1925〜2012、アメリカ］
複素解析、特に擬等角写像。
▶ デニス・サリヴァン［Dennis Sullivan、1914〜、アメリカ］
複素力学系、複素幾何学、"サリヴァンの辞書" は、複素力学系とクライン群の類似に関する辞書として複素力学系における哲学的役割を果たす。
2007 年 ▶ ヘンリー・マッキン［Henry P. McKean、1930〜、アメリカ］
解析学、非線形波で起こる無限種数の代数曲線。
2008 年 ▶ ジョージ・ルスティック［George Lusztig、1946〜、ルーマニア／アメリカ］
表現論、シュヴァレー群、リー代数、量子群、p 進体の代数群。
2009 年 ▶ ルイス・カッファレッリ［Luis Caffarelli、1948〜、アルゼンチン］
偏微分方程式とその応用。
2010 年 ▶ ウィリアム・フルトン［William Fulton、1939〜、アメリカ］
代数幾何、代数曲線。
2011 年 ▶ ジョン・ウィラード・ミルナー［John Willard Milnor、1931〜、アメリカ］
微分幾何学、K 理論、力学系。1962 年フィールズ賞。
2012 年 ▶ イボ・バブスカ［Ivo Babuška、1926〜、チェコ／アメリカ］
有限要素法、偏微分方程式におけるバブスカ-ラックス-ミルグラムの定理、バナッハ-ネザス-バブスカ（BNB）の定理。
2013 年 ▶ ヤコフ・シナイ［Yakov Grigorevich Sinai、1935〜、ソ連／アメリカ］
力学系の理論、数理物理学、確率論。
2014 年 ▶ フィリップ・グリフィス［Phillip Augustus Griffiths、1938〜、アメリカ］
代数幾何学、微分幾何学、積分幾何学、幾何学の関数論、グリフィス理論。
2015 年 ▶ ヴィクトル・カッツ［Victor Joseph Katz、1942〜、アメリカ］
代数学、数学史。
2016 年 ▶ バリー・サイモン［Barry Simon、1946〜、ユダヤ系アメリカ］
関数解析、非相対論的量子力学。
2017 年 ▶ ジェームス・アーサー［James Arthur、1944〜、カナダ］
解析学、調和解析。アメリカ数学会会長を歴任。
2018 年 ▶ ジャン・ブルガン［Jean Bourgain、1954〜、ベルギー］
解析学、実解析、微分方程式、関数解析、バナッハ空間の幾何学、調和解析、解析的整数論、組合せ論、エルゴード理論、偏微分方程式、集約波動分離法の創始、非線形シュレディンガー方程式の球対称解、有限次元バナッハ空間の調和解析。1994

年フィールズ賞。

②研究論文部門

1993 年 ▶ **ウォルター・ルーディン**[Walter Rudin、1921〜2010、オーストリア／ユダヤ系アメリカ]
解析学。

1994 年 ▶ **イングリッド・ドブシー**[Ingrid Daubechies、1954〜、ベルギー]
ウェーブレット変換、コンパクト台を持つ直交ウェーブレット。

1995 年 ▶ **ジャン＝ピエール・セール**[Jean-Pierre Serre、1926〜、フランス]
複素解析、代数トポロジー、球面ホモトピー。1954 年フィールズ賞。

1996 年 ▶ **ブルース・バーント**[Bruce C. Berndt、1939〜、アメリカ]
数論。

▶ **ウィリアム・フルトン**[William Fulton、1939〜、アメリカ]
代数幾何。

1997 年 ▶ **アントニー・ナップ**[Anthony W. Knapp、1941〜、アメリカ]
表現論。

1998 年 ▶ **ジョセフ・シルバーマン**[Joseph H. Silverman、1955〜、アメリカ]
数論、暗号理論。

1999 年 ▶ **サージ・ラング**[Serge Lang、1927〜2005、フランス／アメリカ]
数論。

2000 年 ▶ **ジョン・ホートン・コンウェイ**[John Horton Conway、1937〜、イギリス]
数論。

2001 年 ▶ **リチャード・スタンレー**[Richard P. Stanley、1944〜、アメリカ]
組合せ論。

2002 年 ▶ **イッツハック・カツェネルソン**[Yitzhak Katznelson、1934〜、イスラエル]
解析学、調和解析。

2003 年 ▶ **ジョン・ガーネット**[John B. Garnett、1940〜、アメリカ]
解析学、調和解析。

2004 年 ▶ **ジョン・ウィラード・ミルナー**[John Willard Milnor、1931〜、アメリカ]
微分幾何学、K 理論、力学系。1962 年フィールズ賞。

2005 年 ▶ **ブランコ・グリュンバウム**[Branko Grünbaum、1929〜、ユーゴスラビア／ユダヤ系アメリカ]
離散幾何学。

2006 年 ▶ **ラース・ヘルマンダー**[Lars Valter Hörmander、1931〜2012、スウェーデン]
線型微分方程式。1962 年フィールズ賞。

2007 年 ▶ **デヴィッド・マンフォード**[David Bryant Mumford、1937〜、イギリス]
代数幾何学、幾何的不変式論。1974 年フィールズ賞。

2008 年 ▶ **ネイル・トラディンジャー**[Neil Trudinger、1942〜、オーストラリア]
非線形楕円偏微分方程式。

2009年▶**イアン・アクドナルド**[Ian G. Macdonald、1928〜、イギリス]
対称関数、特殊関数、リー群論、組合せ論。
2010年▶**デービッド・アイゼンバッド**[David Eisenbud、1947〜、アメリカ]
可換環論、非可換環論、代数幾何、トポロジー。
2011年▶**ヘンリク・イワニエク**[Henryk Iwaniec、1947〜、ポーランド／アメリカ]
解析学、数論。
2012年▶**マイケル・アシュバッハー**[Michael Aschbacher、1944〜、アメリカ]
有限群、有限単純群の分類。
▶**リチャード・リヨン**[Richard Lyons、1945〜、アメリカ]
有限群。
▶**ステファン・スミス**[Stephen Smith、アメリカ]
有限群。
▶**ロナルド・ソロモン**[Ronald Solomon、1948〜、アメリカ]
有限群。
2013年▶**ジョン・グッケンハイマー**[John Guckenheimer、1945〜、アメリカ]
神経系科学、周期軌道アルゴリズム、多重時系列システムダイナミクス。
▶**フィリップ・ホームズ**[Philip Holmes、1945〜アメリカ]
非線形偏微分方程式。
2014年▶**ドゥミトリ・ブラーゴ**[Dmitri Burago、1964〜、ロシア]
幾何学。
▶**ユーリ・ブラーゴ**[Yuri Burago、1936〜、ロシア]
微分幾何、凸体の幾何学。
▶**セルゲイ・イワノフ**[Sergei V. Ivanov]
幾何学。
2015年▶**ロバート・ラザースフェルド**[Robert Lazarsfeld、1953〜、アメリカ]
代数幾何。
2016年▶**デービッド・コックス**[David A. Cox、1948〜、アメリカ]
代数幾何。
▶**ジョン・リトル**[John Little、1952〜、アメリカ]
計算機科学。
▶**ドナルド・オシェア**[Donal O'Shea、1952〜、カナダ]
代数幾何。
2017年▶**ドゥサ・マクダフ**[Dusa McDuff、1945〜、イギリス]
シンプレクティック幾何学。
▶**ディエトナー・アルノ・サラモン**[Dietmar Arno Salamon、1953〜、ドイツ]
シンプレクティック幾何学。
2018年▶**マーチン・アイグナー**[Martin Aigner、1942〜、オーストリア]
組合せ論、グラフ理論。

▶グンター・ツィグラー［Günter M. Ziegler、1963～、ドイツ］
離散数学、離散幾何学、超多面体（平坦な縁を持つ幾何学的対象）の組合せ論。

③独創的研究部門

1993年▶ジョージ・モストウ［George Daniel Mostow、1923～2017、アメリカ］
リー群論。

1994年▶ルイ・ド・ブランジュ［Louis de Branges de Bourcia、1932～、アメリカ］
複素解析、1984年にビーベルバッハ予想（ド・ブランジュの定理：点Pからの距離が1より小さい点全体の成す集合である単位開円板から複素平面への単射的な写像を与えるための正則関数の必要条件を与える定理）を証明。

1995年▶エドワード・ネルソン［Edward Nelson、193～2014、アメリカ］
数理物理学、数学基礎論、内的集合論の創始。

1996年▶ダニエル・ストルーク［Daniel Stroock、1940～、アメリカ］
確率論、統計学、確率微分方程式の解となる拡散過程、ブラウン運動、マリアヴァン微積分。

▶S. R. シュリニヴァーサ・ヴァラダン［Sathamangalam Ravi Srinivasa Varadhan、1940～、インド／アメリカ］
確率論、統計学、拡散過程。

1997年▶ミハイル・グロモフ［Mikhael Leonidovich Gromov、1943～、ロシア／フランス］
幾何学、グロモフのホモトピー原理、リーマン多様体の収束に関する新概念、現代的シンプレクティック幾何学、楕円型偏微分方程式、現代幾何学において重要な人物。

1998年▶ハーバート・ウィルフ［Herbert Wilf、1931～2012、アメリカ］
組合せ論、グラフ理論。

▶ドロン・ツァイルバーガー［Doron Zeilberger、1950～、イスラエル］
組合せ論。

1999年▶マイケル・クランドール［Michael G. Crandall、1940～、アメリカ］
微分方程式。

▶ジョン・ナッシュ［John Forbes Nash Jr.、1928～2915、アメリカ］
微分幾何学、リーマン多様体。

2000年▶バリー・メイザー［Barry Charles Mazur、1937～、アメリカ］
幾何学的位相空間論、ジョルダン-シェーンフリースの定理の証明でモートン・ブラウンと共にウェブレン賞受賞、グロタンディークの代数幾何学へのアプローチの影響によるディオファントス幾何分野へ進出。「メイザーの定理」（有理数体上の楕円曲線において、位数有限の点のなす部分群の可能性を全て挙げる楕円曲線上の代数において深く重要な結果）である。このアイデアは、アンドリュー・ワイルズによるフェルマーの最終定理の証明の鍵の1つとなった。

2001年▶レスリー・グリンガード［Leslie F. Greengard、アメリカ］
20世紀トップ10アルゴリズムとされる高速多重極法（Fast Multipole Method：

FMM、広範な n 体多体問題高速計算法）共同発明。
▶ウラジミール・ロクリン［Vladimir Rokhlin、1952〜、ロシア］
　　FMM の共同発明。
2003年▶ロバート・マーク・ゴレスキー［Robert Mark Goresky、1950〜、カナダ］
　　代数的位相幾何、交叉ホモロジーの共同発見。
▶ロバート・マクフェーソン［Robert MacPherson、1944〜、アメリカ］
　　交叉ホモロジーの共同発見。
2003年▶ロナルド・ジェンセン［Ronald Jensen、1936〜、アメリカ］
　　数理論理学、集合論。
▶マイケル・モーリー［Michael Morley、1930〜、アメリカ］
　　数理論理学、モデル理論、モーリーの範疇性定理［categoricity theorem］。
2004年▶ローレンス・エバンス［Lawrence C. Evans、1949〜、アメリカ］
　　非線形偏微分方程式、楕円方程式。
▶ニコライ・クリロフ［Nicolai V. Krylov、1941〜、ロシア］
　　偏微分方程式、確率微分方程式、拡散過程。
2005年▶ロバート・ラングランズ［Robert Pbelan Langlands、1936〜、カナダ］
　　表現論、保型形式、保型表現論、志村多様体、統計力学。
2006年▶クリフォード・ダードナー［Clifford S. Gardner、1924〜2013、アメリカ］
　　応用力学、非線形偏微分方程式の解のための逆散乱変換法（特殊ソリトンモデル）。
▶ジョン・グリーネ［John M. Greene、1928〜2007、アメリカ］
　　理論物理、応用数学、ソリトンとプラズマ物理。
▶マーチン・クラスカル［Martin D. Kruskal、1925〜2006、アメリカ］
　　プラズマ物理、一般相対性理論、非線形解析、非対称解析、ソリトン理論の発見。
▶ロバート・ミウラ［Robert M. Miura、1938〜、アメリカ］
　　非線形波動方程式の保存則、ソリトン（非線形方程式に従うパルス状の孤立波）のためのミウラ変換（逆散乱変換）。
2007年▶キャレン・アーレンベック［Karen Keskulla Uhlenbeck、1942〜、アメリカ］
　　偏微分方程式、変分法、ゲージ理論、可積分系、ヴィラソロ代数、非線形波動、非線形シュレーディンガー方程式。
2008年▶アンドレ・セメルディ［Endre Szemerédi、1940〜、ハンガリー］
　　組合せ論、理論計算機科学。
2009年▶リチャード・S. ハミルトン［Richard Streit Hamilton、1943〜、アメリカ］
　　グリゴリー・ペレルマン（2006年にフィールズ賞を歴史上初めて辞退して話題となった）がアンリ・ポアンカレとウィリアム・サーストンの幾何化予想を証明する過程で使ったリッチ・フローの発明で有名（ハミルトン−ペレルマンのリッチ・フロー理論、熱伝導方程式に形式的に似た方法でリーマン多様体の計量の特異点を滑らかに変形する過程）、微分幾何学、幾何解析。
2010年▶ロバート・グリース［Robert Griess、1945〜、アメリカ］

有限単純群、頂点作用素代数。
2011年▶イングリッド・ドブシー[Ingrid Daubechies、1954〜、ベルギー]
ウェーブレット変換、コンパクト台を持つ直交ウェーブレット。
2012年▶ウィリアム・サーストン[William Paul Thurston、1946〜2012、アメリカ]
トポロジー、幾何学。
2013年▶サハロン・シェラハ[Saharon Shelah、1945〜、イスラエル]
数理論理学、モデル論、公理的集合論、ブール代数、実関数論、集合論的位相空間論、モデル論における分類理論の導入およびそれにともなうモーリー問題の解決、公理的集合論における固有強制法の導入および、pcf理論(正則基数の冪集合の濃度が強制法で非常に自由に動かせることから、特異基数の冪集合の濃度に関しても同様なことが言えるのではないかと予想されていた。それを覆したのがシェラーのpcf理論)の構築。
2014年▶ルイス・カッファレッリ[Luis Caffarelli、1948〜、アルゼンチン]
偏微分方程式とその応用。
▶ロバート・コーン[Robert V. Kohn、1953〜、アメリカ]
偏微分方程式、変分法、数理科学、数理ファイナンス。
▶ルイス・ニレンバーグ[Louis Nirenberg、1925〜、カナダ]
20世紀を代表する解析学研究、複素解析、幾何学への貢献。
2015年▶ロスチラフ・グリゴーチャク[Rostislav Grigorchuk、1953〜、ウクライナ]
群論、グリゴーチャック群、幾何学的群論、ブランチ群、オートマタ群、反復モノドロミー群。
2016年▶アンドリュー・マジ[Andrew Majda、1949〜、アメリカ]
偏微分方程式、衝撃波、燃焼、非圧縮流体、渦動力学、大気科学。
2017年▶レオン・サイモン[Leon Simon、1945〜、オーストラリア]
幾何測度理論、偏微分方程式、極小曲面、変分幾何微積分。
2018年▶セルゲイ・フォミン[Sergey Fomin、1958〜、ロシア/アメリカ]
組合せ論と代数学・幾何学・表現論との関係性。
▶アンドレ・ツェレビンスキー[Andrei Zelevinsky、1953〜、ロシア/アメリカ]
代数学、組合せ論、表現論。

●ウルフ賞数学部門(123ページ)
1978年▶イズライル・ゲルファント[Izrail M. Gelfand、ロシア]
▶カール・ジーゲル[Carl L. Siegel、ドイツ]
1979年▶ジャン・ルレー[Jean Leray、フランス]
▶アンドレ・ヴェイユ[André Weil、フランス]
1980年▶アンリ・カルタン[Henri Cartan、フランス]
▶アンドレイ・コルモゴロフ[Andrei Kolmogorov、ロシア]
1981年▶ラース・アールフォース[Lars Ahlfors、フィンランド]

▶オスカー・ザリスキ［Oscar Zariski、アメリカ］
1982 年▶ハスラー・ホイットニー［Hassler Whitney、アメリカ］
▶マーク・クライン［Mark Grigoryevich Krein、ウクライナ］
1983/84 年▶陳省身［Shiing S. Chern、アメリカ］
▶ポール・エルデシュ［Paul Erdös、ハンガリー］
1984/85 年▶小平邦彦［Kunihiko Kodaira、日本］
▶ハンス・レヴィー［Hans Lewy、ドイツ］
1983 年▶サミュエル・アイレンベルグ［Samuel Eilenberg、ポーランド］
▶アトル・セルバーグ［Atle Selberg、ノルウェー］
1984 年▶伊藤 清［Kiyoshi Ito、日本］
▶ピーター・ラックス［Peter Lax、ハンガリー］
1985 年▶フリードリッヒ・ヒルツェブルフ［Friedrich Hirzebruch、ドイツ］
▶ラース・ヘルマンダー［Lars Hörmander、スウェーデン］
1986 年▶アルベルト・カルデロン［Alberto Calderón、アルゼンチン］
▶ジョン・ミルナー［John Milnor、アメリカ］
1987 年▶エンニオ・ドジョルジ［Ennio de Giorgi、イタリア］
▶イリヤ・ピアテスキー＝シャピロ［Ilya Piatetski-Shapiro、ロシア］
1988 年▶受賞者なし
1989 年▶レオナルト・カルレソン［Lennart Carleson、スウェーデン］
▶ジョン・トンプソン［John G. Thompson、アメリカ］
1990 年▶ミハイル・グロモフ［Mikhail Gromov、フランス］
▶ジャック・ティッツ［Jacques Tits、ベルギー］
1994/95 年▶ユルゲン・モーザー［Jurgen Moser、ドイツ］
1995/96 年▶ロバート・ラングランズ［Robert Langlands、カナダ］
▶アンドリュー・ワイルズ［Andrew Wiles、イギリス］
1996/97 年▶ジョセフ・ケラー［Joseph B. Keller、アメリカ］
▶ヤコフ・シナイ［Yakov G. Sinai、ロシア］
1997 年▶受賞者なし
1998 年▶ラースロー・ロヴァース［Laszlo Lovasz、ハンガリー］
▶エリアス・ステイン［Elias M. Stein、ベルギー］
1999 年▶ラエル・ボット［Raoul Bott、ハンガリー］
▶ジャン＝ピエール・セール［Jean-Pierre Serre、フランス］
2000 年▶ウラジーミル・アーノルド［Vladimir Arnold、ロシア］
▶サハロン・シェラハ［Saharon Shelah、イスラエル］
2002/03 年▶佐藤幹夫［Mikio Sato、日本］
▶ジョン・テイト［John Tate、アメリカ］
2004 年▶受賞者なし
2005 年▶グレゴリー・マルグリス［Gregory A. Margulis、ロシア］

▶セルゲイ・ノヴィコフ［Sergei P. Novikov、ロシア］
2006/07年▶スティーヴン・スメイル［Stephen Smale、アメリカ］
▶ヒレル・ファステンバーグ［Hillel Furstenberg、アメリカ／イスラエル］
2008年▶ピエール・ドリーニュ［Pierre R. Deligne、ベルギー］
▶フィリップ・グリフィス［Phillip A. Griffiths、アメリカ］
▶デヴィッド・マンフォード［David B. Mumford、アメリカ］
2009年▶受賞者なし
2010年▶丘成桐［Shing-Tung Yau、アメリカ］
▶デニス・サリヴァン［Dennis Sullivan、アメリカ］
2016年▶受賞者なし
2012年▶ミハエル・アッシュバッハー［Michael Aschbacher、アメリカ］
▶ルイス・カッファレッリ［Luis Caffarelli、アルゼンチン／アメリカ］
2013年▶ジョージ・モストウ［George Mostow、アメリカ］
▶マイケル・アルティン［Michael Artin、アメリカ］
2014年▶ピーター・サルナック［Peter Sarnak、南アフリカ／アメリカ］
2015年▶ジェームズ・アーサー［James Arthur、カナダ］
2016年▶受賞者なし
2017年▶リチャード・シェーン［Richard Schoen、アメリカ］
▶チャールズ・フェファーマン［Charles Fefferman、アメリカ］
2018年▶アレクサンダー・ベイリンソン［Alexander Beilinson、ロシア／アメリカ］
▶ウラジーミル・ドリンフェルト［Vladimir Drinfeld、ウクライナ／ロシア、在アメリカ］

● SASTRA ラマヌジャン賞（123ページ）
2005年▶マンジュル・バルガヴァ［Manjul Bhargava、カナダ］
▶カナン・サウンダララジャン［Kannan Soundararajan、インド］
2006年▶テレンス・タオ［陶哲軒、Terence Chi-Shen Tao、オーストラリア］
2007年▶ベン・グリーン［Ben Green、イギリス］
2008年▶アクシャイ・ヴェンカテッシュ［Akshay Venkatesh、オーストラリア］
2009年▶カスリン・ブリングマン［Kathrin Bringmann、ドイツ］
2010年▶ウェイ・チャン［Wei Zhang、アメリカ］
2011年▶ローマン・ホロウィンスキー［Roman Holowinsky、アメリカ］
2012年▶チウェイ・ヤン［Zhiwei Yun、中国］
2013年▶ピーター・ショルツェ［Peter Scholze、ドイツ］
2014年▶ジェームス・メイナード［James Maynard、イギリス］
2015年▶ジェイコブ・ツィンマーマン［Jacob Tsimerman、カナダ］
2016年▶カイサ・マトマキ［Kaisa Matomäki、フィンランド］
▶マクシム・ラジウィル［Maksym Radziwiłł、カナダ］
2017年▶マリーナ・ヴィアツォブスカ［Maryna Viazovska、ウクライナ］

附録　第2章で紹介した各賞の受賞者一覧

●**オストロフスキー賞**(124 ページ)
1989 年▶ルイ・ド・ブランジュ[Louis de Branges、フランス／アメリカ]
1991 年▶ジャン・ブルガン[Jean Bourgain、ベルギー]
1993 年▶ミコロス・ラズコヴィッチ[Miklós Laczkovich、ハンガリー]
▶マリナ・ラトナー[Marina Ratner、ロシア／アメリカ]
1995 年▶アンドリュー・ワイルズ[Andrew J. Wiles、イギリス]
1997 年▶ユーリ・ネステレンコ[Yuri V. Nesterenko、ロシア]
▶ギレ・ピシャー[Gilles I. Pisier、フランス]
1999 年▶アレクサンダー・ベイリンストン[Alexander A. Beilinson、ロシア／アメリカ]
▶ヘルマット・ホーファー[Helmut H. Hofer、スイス／アメリカ]
2001 年▶ヘンリク・イワニエク[Henryk Iwaniec、ポーランド／アメリカ]
▶ピーター・サルナック[Peter Sarnak、南アフリカ／アメリカ]
▶リチャード・テイラー[Richard L. Taylor、イギリス／アメリカ]
2003 年▶ポール・セイモア[Paul Seymour、イギリス]
2005 年▶ベン・グリーン[Ben Green、イギリス]
▶テレンス・タオ[陶哲軒、Terence Chi-Shen Tao、オーストラリア／アメリカ]
2007 年▶オデッド・シュラム[Oded Schramm、イスラエル／アメリカ]
2009 年▶ソリン・ポパ[Sorin Popa、ルーマニア／アメリカ]
2011 年▶イブ・マドセン[Ib Madsen、デンマーク]
▶デビッド・プライス[David Preiss、イギリス]
▶カナン・サウンダララジャン[Kannan Soundararajan、インド／アメリカ]
2013 年▶イータン・ツァン[Yitang Zhang、アメリカ]
2015 年▶ピーター・ショルツ[Peter Scholze、ドイツ]
2017 年▶アクシャイ・ヴェンカテシュ[Akshay Venkatesh、インド／オーストラリア]

●**カントール・メダル**(124 ページ)
1990 年▶カーシ・スタイン[Karl Stein]
1992 年▶ヤーゲン・モーサー[Jürgen Moser]
1994 年▶エルハルド・ハインツ[Erhard Heinz]
1996 年▶ヤーキス・チッツ[Jacques Tits]
1999 年▶フォルカー・シュトラッセン[Volker Strassen]
2002 年▶ユーリ・マニン[Yuri Ivanovich Manin]
2004 年▶フリードリッヒ・ヒルツェブルフ[Friedrich Hirzebruch]
2006 年▶ハンス・フォルマー[Hans Föllmer]
2008 年▶ハンス・グラウェルト[Hans Grauert]
2010 年▶マティアス・クレック[Matthias Kreck]
2012 年▶マイケル・ストルーベ[Michael Struwe]
2014 年▶ヘルベルト・スポーン[Herbert Spohn]

2017年▶ゲルト・ファルティングス[Gerd Faltings]

●キャロル・カープ賞(124ページ)
第1回(1978年)▶ロバート・ヴォート[Robert Vaught]
第2回(1983年)▶サハロン・シェラハ[Saharon Shelah]
　1階理論の同型でないモデルの数に関する諸業績に対して。
第3回(1988年)▶ドナルド・A・マーティン[Donald A. Martin]
　　　　　　　　ジョン・R・スティール[John R. Steel]
　　　　　　　　W・ヒュー・ウッディン[William Hugh Woodin]
「超コンパクト基数の存在を仮定すると、すべての実数およびすべての順序数を含むZFの最小推移モデルにおいて、決定性公理が成り立つ」ことを示した業績に対して。
第4回(1993年)▶エウド・フルショフスキー[Ehud Hrushovski]
　幾何的安定理論における新しい方法を導入したことに対して。
▶アレックス・ウィルキー[Alex Wilkie]
　指数関数の入った実数体のモデル完全性を証明したことに対して。
第5回(1998年)▶エウド・フルショフスキー[Ehud Hrushovski]
　モーデル-ラング予想に関する諸業績に対して。
第6回(2003年)▶グレゴリー・ヒョース[Gregory Hjorth]
　　　　　　　　アレキサンダー・ケクリス[Alexander S. Kechris]
　ボレル同値関係に関する諸業績に対して。
第7回(2008年)▶ツリル・セラ[Zlil Sela]
　数理論理学と幾何学的群論との間に繋がりをつけた基礎的業績に対して。
第8回(2013年)▶モティ・ギティク[Moti Gitik]
　　　　　　　　ヤアコブ・ペタツィル[Ya'acov Peterzil]
　集合論、特にpcf理論への巨大基数強制の適用。
▶ジョナサン・ピラ[Jonathan Pila]
　セルゲイ・スターチェンコ[Sergei Starchenko]
　アレックス・ウィルキー[Alex Wilkie]
　数論におけるモデル理論の適用。

●クラフォード賞・数学分野(125ページ)
1982年▶ウラジーミル・アーノルド[Vladimir Igorevich Arnold、1937〜2010、ロシア]
　ヒルベルト第13問題の解決など多くの業績。
▶ルイス・ニレンバーグ[Louis Nirenberg、1925〜、カナダ]
　偏微分方程式。
1988年▶ピエール・ルネ・ドリーニュ[Pierre René Deligne、1944〜、ベルギー]
　ヴェイユ予想の解決など。フィールズ賞受賞。

▶アレクサンドル・グロタンディーク［Alexander Grothendieck、1928～2014、フランス］
代数幾何。
1994年▶サイモン・ドナルドソン［Simon Donaldson、1957～、イギリス］
代数幾何。フィールズ賞受賞。
▶シン=トゥン・ヤウ［丘成桐、Shing-Tung Yau、1949～、アメリカ／香港］
解析学。フィールズ賞、ウェブレン賞受賞。
2001年▶アラン・コンヌ［Alain Connes、1947～、フランス］
作用素環論、非可換幾何。フィールズ賞受賞。
2008年▶マキシム・コンツェビッチ［Maxim Kontsevich、1964～、ロシア］
数理物理学、代数幾何学、トポロジー。フィールズ賞受賞。
▶エドワード・ウィッテン［Edward Witten、1951～、アメリカ］
超弦理論においてM理論を提唱した理論物理学者。フィールズ賞受賞。
2012年▶テレンス・タオ［陶哲軒、Terence Tao、1975～、オーストラリア］
実解析、調和解析、微分方程式、組合せ論、整数論、表現論。フィールズ賞受賞。
▶ジャン・ブルガン［Jean Bourgain、1954～、ベルギー］
実解析、微分方程式、関数解析。フィールズ賞受賞。
2016年▶ヤコフ・エリアシュベルグ［Yakov Eliashberg、1946～、ソ連／アメリカ］
幾何学。

●ショック賞・数学分野（126ページ）
1993年▶イライアス・スタイン［Elias M. Stein、アメリカ］
1995年▶アンドリュー・ワイルズ［Andrew Wiles、イギリス／アメリカ］
1997年▶佐藤幹夫［Mikio Sato、日本］
1999年▶ユーリ・マニン［Yurij Manin、ロシア／ドイツ］
2001年▶エリオット・リーブ［Elliott H. Lieb、アメリカ］
2003年▶リチャード・スタンレー［Richard P. Stanley、アメリカ］
2005年▶ルイス・カファレリ［Luis Caffarelli、アメリカ］
2008年▶エンドレ・セメレディ［Endre Szemerédi、ハンガリー／アメリカ］
2011年▶ミシェル・アシュバシェル［Michael Aschbacher、アメリカ］
2014年▶張益唐［Yitang Zhang、アメリカ］
2017年▶リチャード・シェーン［Richard Schoen、アメリカ］
2018年▶ロナルド・コイフマン［Ronald Coifman、アメリカ］

●クレイ研究賞（126ページ）
1999年▶アンドリュー・ワイルズ［Andrew Wiles、1953～、イギリス］
2000年▶アラン・コンヌ［Alain Connes、1947～、フランス］
▶ローラン・ラフォルグ［Laurent Lafforgue、1966～、フランス］
2001年▶エドワード・ウィッテン［Edward Witten、1951～、アメリカ］

▶スタニスラフ・スミルノフ[Stanislav Smirnov、1970〜、ロシア]
2002年▶オデッド・シュラム[Oded Schramm、1961〜、イスラエル]
▶マニンドラ・アグラワル[Manindra Agrawal、1966〜、インド]
2003年▶リチャード・ハミルトン[Richard Hamilton、1943〜、アメリカ]
▶テレンス・タオ[Terence Tao、1975〜、オーストラリア]
2004年▶ベン・グリーン[Ben Green、1977〜、イギリス]
▶ジェラール・ローモン[Gérard Laumon、1952〜、フランス]
▶ゴ・バオ・チャウ[NgôBao-Châu、1972〜、ベトナム]
2005年▶マンジュル・バルガヴァ[Manjul Bhargava、1974〜、カナダ]
▶ニールス・デンケ[Nils Jonas Dencke、1953〜、スウェーデン]
2006年▶受賞者なし
2007年▶アレックス・エスキン[Alex Eskin、1965〜、ロシア／アメリカ]
▶クリストファー・ハーコン[Christopher Hacon、1970〜、イギリス]
▶ジェームズ・マッカーナン[James McKernan、1962〜、イギリス]
▶マイケル・ハリス[Michael Harris、1954〜、アメリカ]
▶リチャード・テイラー[Richard Taylor、1962〜、イギリス]
2008年▶クリフォード・タウベス[Clifford Taubes、1954〜、アメリカ]
▶クレア・ヴォワザン[Claire Voisin、1962〜、フランス]
2009年▶ジャン・ワルトスパーガー[Jean-Loup Waldspurger、1953〜、フランス]
▶イアン・アゴル[Ian Agol、1970〜、アメリカ]
▶ダニー・カルガリ[Danny Calegari、1972〜、オーストラリア]
▶デビッド・ガバイ[David Gabai、1954〜、アメリカ]
2010年▶受賞者なし
2011年▶イブ・ベノイスト[Yves Benoist、フランス]
▶ジャン=フランコ・クイント[Jean-François Quint、フランス]
▶ジョナサン・ピラ[Jonathan Pila、1962〜、オーストラリア]
2012年▶ジェレミー・カーン[Jeremy Kahn、1962〜、アメリカ]
▶ウラジミール・マルコヴィック[Vladimir Markovic、1973〜、ドイツ]
2013年▶ラフル・パンドハリパンデ[Rahul Pandharipande、1969〜、アメリカ]
2014年▶マリアム・ミルザハニ[Maryam Mirzakhani、1977〜2017、イラン]
▶ピーター・ショルツ[Peter Scholze、1987〜、ドイツ]
2015年▶ラリー・グース[Larry Guth、1977〜、アメリカ]
▶ネッツ・カッツ[Nets Katz、1973〜、アメリカ]
2016年▶マーク・グロス[Mark Gross、1965〜、アメリカ]
▶ベルンド・シーベルト[Bernd Siebert、1964〜、ドイツ]
▶ジョルディ・ウィリアムソン[Geordie Williamson、1981〜、オーストラリア]
2017年▶アレクサンダー・ラグノフ[Aleksandr Logunov、ロシア]
▶ユージニア・マリニコバ[Eugenia Malinnikova、1974〜、ロシア]

▶ジェイソン・ミラー[Jason Miller、1974〜、アメリカ]
▶スコット・シェフィールド[Scott Sheffield、1973〜、アメリカ]
▶マリナ・ヴィアゾフスカ[Maryna Viazovska、1984〜、ウクライナ]

● サックラー・レクチャラー(126ページ)

1980/81年▶ジョセフ・ケラー[Joseph Keller、アメリカ、1997年ウルフ賞]
▶フリードリッヒ・ヒルツェブルフ[Friedrich Hirzebruch、ドイツ、1988年ウルフ賞]
1981/82年▶エリアス・M.シュタイン[Elias M. Stein、ベルギー、1999年ウルフ賞]
1982/83年▶ピエール・ドリーニュ[Pierre Deligne、ベルギー、1978年フィールズ賞、008年ウルフ賞、2013年アーベル賞]
1984/85年▶G. D. モストウ[G. D. Mostow、アメリカ、2013年ウルフ賞]
1985/86年▶イサドール・シンガー[Isidore Singer、アメリカ、2004年アーベル賞]
1986/87年▶アラン・コンヌ[Alain Connes、フランス、1982年フィールズ賞]
1989/90年▶レオナルト・カルレソン[Lennart Carleson、スウェーデン、1992年ウルフ賞、2006年アーベル賞]
1989/90年▶ヤ.G.シナイ[Ya. G. Sinai、ロシア、1997年ウルフ賞、2014年アーベル賞]
1990/91年▶セルゲイ・ノヴィコフ[Sergei Novikov、ロシア、1970年フィールズ賞、2005年ウルフ賞]
1991/92年▶ヨシフ・ベルンシュタイン[Joseph Bernstein、アメリカ、ハーバード大学]
1993/94年▶ピエール=ルイ・リオン[Pierre-Louis Lions、フランス、1994年フィールズ賞]
1996/97年▶ラズロ・ロバス[Laszlo Lovasz、ハンガリー/アメリカ、1999年ウルフ賞、2010年京都賞]
1997/98年▶エンリコ・ボンビエリ[Enrico Bombieri、イタリア、1974年フィールズ賞]
1998/99年▶ピーター・ショア[Peter Shor、アメリカ、1998年ネヴァンリンナ賞]
▶アレクサンドル・ラズボロフ[Alexander Razborov、ロシア、1990年ネヴァンリンナ賞]
2000/01年▶ジャン・ミシェル・ビスマット[Jean-Michel Bismut、フランス、パリ第11大学]
▶ピーター・サルナック[Peter Sarnak、アメリカ、2014年ウルフ賞]
2003/04年▶シュロモ・スタンバーグ[Shlomo Sternberg、アメリカ、ハーバード大学]
2006/07年▶小林俊行[Toshiyuki Kobayashi、日本、東京大学]
2008/09年▶ボリス・フェイジン[Boris Feigin、ロシア、ランダウ理論物理学研究所]
▶アヴィ・ウィグダーソン[Avi Wigderson、アメリカ、1994年ネヴァンリンナ賞]
2009/10年▶ロナルド・デヴォール[Ronald DeVore、アメリカ、テキサスA&M大学]
2011/12年▶ロナルド・コイフマン[Ronald Coifman、アメリカ、1999年アメリカ国家科学賞]
▶ジョナソン・ウォール[Jonathan Wahl、アメリカ、ノースカロライナ大学]
2013/14年▶ユヴァル・ペレス[Yuval Peres、アメリカ、マイクロソフト・リサーチ]
2016/17年▶エレン・エスノー[Hélène Esnault、ドイツ、ベルリン自由大学]

●ショウ賞・数学分門(127 ページ)

2004 年 ▶ シン=シェン・チャーン[陳省身、Shiing-Shen Chern、1911〜2004、台湾／アメリカ]
2005 年 ▶ アンドリュー・ワイルズ[Andrew John Wiles、1953〜、イギリス]
2006 年 ▶ デビッド・マンフォード[David Mumford、1937〜、イギリス]
▶ ウー・ウェンジュン[呉文俊、Wu Wenjun、1919〜2017、中国]
2007 年 ▶ ロバート・ラングランズ[Robert Langlands、1936 年〜、カナダ]
▶ リチャード・テイラー[Richard Taylor、1962〜、イギリス]
2008 年 ▶ ウラジーミル・アーノルド[Vladimir Arnold、1937〜2010、ウクライナ／ロシア]
▶ ルドウィッグ・ファデーエフ[Ludwig Faddeev、1934〜、ロシア]
2009 年 ▶ サイモン・ドナルドソン[Simon K. Donaldson、1957〜、イギリス]
▶ クリフォード・タウベス[Clifford H. Taubes、1954〜、アメリカ]
2010 年 ▶ ジャン・ブルガン[Jean Bourgain、1954〜、ベルギー]
2011 年 ▶ リチャード・S. ハミルトン[Richard S. Hamilton、1943〜、アメリカ]
▶ ドメトリオス・クリストドウロウ[Demetrios Christodoulou、1951〜、ギリシア]
2012 年 ▶ マキシム・コンツェビッチ[Maxim Kontsevich、1964〜、ロシア、1998 年フィールズ賞受賞]
2013 年 ▶ デービッド・ドノホ[David L. Donoho、1957〜、アメリカ]
2014 年 ▶ ジョージ・ルスティック[George Lusztig、1946〜、ルーマニア／アメリカ]
2015 年 ▶ ゲルト・ファルティングス[Gerd Faltings、1954〜、ドイツ、1986 年フィールズ賞]
▶ ヘンリク・イワニエク[Henryk Iwaniec、1947〜、ポーランド／アメリカ]
2016 年 ▶ ナイジェル・ヒッチン[Nigel Hitchin、1946〜、イギリス]
2017 年 ▶ ヤーノス・コラー[János Kollár、1956〜、ハンガリー]
▶ クレール・ヴォイスン[Claire Voisin、1956〜、フランス]

●シルヴェスター・メダル(127 ページ)

1901 年 ▶ アンリ・ポアンカレ[Henri Poincaré、1854〜1912、フランス]
1904 年 ▶ ゲオルク・カントール[Georg Cantor、1845〜1918、ドイツ]
1907 年 ▶ ヴィルヘルム・ヴィルティンガー[Wilhelm Wirtinger、1865〜1945、オーストリア]
1910 年 ▶ ヘンリー・ベイカー[Henry Frederick Baker、1866〜1956、イギリス]
1913 年 ▶ ジェームス・グライシャー[James Whitbread Lee Glaisher、1848〜1928、イギリス]
1916 年 ▶ ジャン・ガストン・ダルブー[Jean Gaston Darboux、1842〜1917、フランス]
1919 年 ▶ パーシー・マクマホン[Percy Alexander MacMahon、1854〜1929、イギリス]
1922 年 ▶ トゥーリオ・レヴィ・チヴィタ[Tullio Levi-Civita、1873〜1941、ユダヤ系イタリア]
1925 年 ▶ アルフレッド・ノース・ホワイトヘッド[Alfred North Whitehead、1861〜1947、

イギリス]
1928 年 ▶ ウィリアム・ヤング[William Henry Young、1863～1942、イギリス]
1931 年 ▶ エドマンド・テイラー・ホイッテーカー[Edmund Taylor Whittaker、1873～1956、イギリス]
1934 年 ▶ バートランド・ラッセル[Bertrand Russell、1872～1970、イギリス、1950 年ノーベル文学賞]
1937 年 ▶ オーガスタス・ラブ[Augustus Edward Hough Love、1863～1940、イギリス]
1940 年 ▶ ゴッドフレイ・ハロルド・ハーディ[Godfrey Harold Hardy、1877～1947、イギリス]
1943 年 ▶ ジョン・エデンサー・リトルウッド[John Edensor Littlewood、1885～1977、イギリス]
1946 年 ▶ ジョージ・ワトソン[George N. Watson、1886～1965、イギリス]
1949 年 ▶ ルイス・モーデル[Louis J. Mordell、1888～1972、アメリカ／イギリス]
1952 年 ▶ アブラム・サモイロビッチ・ベシコビッチ[Abram Samoilovitch Besicovitch、1891～1970、ロシア]
1955 年 ▶ エドワード・チッチマーシュ[Edward C. Titchmarsh、1899～1963、イギリス]
1958 年 ▶ マックス・ニューマン[Max Newman、1987～1984、イギリス]
1961 年 ▶ フィリップ・ホール[Philip Hall、1904～1982、イギリス]
1964 年 ▶ メアリー・カートライト[Mary Cartwright、1900～1998、イギリス]
1967 年 ▶ ハロルド・ダヴェンポート[Harold Davenport、1907～1969、イギリス]
1970 年 ▶ ジョージ・テンプル[George F. J. Temple、1901～1992、イギリス]
1973 年 ▶ ジョン・カッセルズ[John W. S. Cassels、1922～2015、イギリス]
1976 年 ▶ デビッド・ケンドール[David G. Kendall、1918～2007、イギリス]
1979 年 ▶ グラハム・ヒグマン[Graham Higman、1917～2008、イギリス]
1982 年 ▶ ジョン・アダムス[John F. Adams、1930～1989、イギリス]
1985 年 ▶ ジョン・G. トンプソン[John Griggs Thompson、1932～、アメリカ、1970 年フィールズ賞]
1988 年 ▶ チャールズ・ウォール[Charles T. C. Wall、1936～、イギリス]
1991 年 ▶ クラウス・フリードリッヒ・ロス[Klaus Friedrich Roth、1925～2015、ドイツ／イギリス、1958 年フィールズ賞]
1994 年 ▶ ピーター・ホイットル[Peter Whittle、1927～、ニュージーランド]
1997 年 ▶ ハロルド・スコット・マクドナルド・コクセター[Harold Scott MacDonald Coxeter、1907～2003、イギリス]
2000 年 ▶ ナイジェル・ヒッチン[Nigel J. Hitchin、1946～、イギリス]
2003 年 ▶ レオナルト・カルレソン[Lennart Carleson、1928～、スウェーデン]
2006 年 ▶ ピーター・スイナートン・ダイヤー[Peter Swinnerton-Dyer、1927～、イギリス]
2009 年 ▶ ジョン・ボール[John M. Ball、1948～、イギリス]
2010 年 ▶ グレメ・シーガル[Graeme Segal、1941～、オーストラリア]

2012年▶ジョン・トーランド[John F. Toland、1949〜、イギリス]
2014年▶ベン・グリーン[Ben Green、1977〜、イギリス]
2016年▶ウィリアム・ティモシー・ガワーズ[William Timothy Gowers、1963〜、イギリス、1998年フィールズ賞]

● **数学ブレイクスルー賞**（128ページ）
2015年▶サイモン・ドナルドソン[Simon Kirwan Donaldson、1957〜、イギリス]
　代数幾何学、微分幾何学、大域解析学。1986年フィールズ賞。
▶マキシム・コンツェビッチ[Maxim Kontsevich、1964〜、ロシア]
　数理物理学、代数幾何学、トポロジー。1998年フィールズ賞。
▶ヤコブ・ルーリー[Jacob Lurie、1977〜、アメリカ]
　代数幾何。
▶テレンス・タオ[陶哲軒、Terence Tao、1975〜、オーストラリア]
　実解析、調和解析、微分方程式、組合せ論、整数論、表現論。2006年フィールズ賞。
▶リチャード・テイラー[Richard L. Taylor、1962〜、イギリス]
　数論。
2016年▶イアン・アゴル[Ian Agol、1970〜、アメリカ]
　3次元多様体のトポロジー。
2017年▶ジャン・ブルガン[Jean Bourgain、1954〜、ベルギー]
　実解析、微分方程式、関数解析。1994年フィールズ賞。
2018年▶クリストファー・ハーコン[Christopher Hacon、1970〜、イギリス／イタリア／アメリカ]
　代数幾何。
▶ジェームス・マッカーナン[James McKernan、1964〜、イギリス]
　代数幾何。

● **ニューホライゾン数学賞**（129ページ）
2016年▶ラリー・グース[Larry Guth、1977〜、アメリカ]
　幾何学。
▶アンドレ・ネーベ[AndréArroja Neves、1975〜、ポルトガル]
　幾何学。
2017年▶モハンマド・アボウザイド[Mohammed Abouzaid、1980〜、モロッコ／アメリカ]
　シンプレクテックトポロジー（シンプレクティック形式、すなわち斜交形式のベクトル空間を対象とした位相幾何学）、代数幾何学、微分トポロジー。
▶ヒューゴ・コパン[Hugo Duminil-Copin、1985〜、フランス]
　数理物理学。
▶ベンジャミン・エリアス[Benjamin Elias、アメリカ]
　代数学、カテゴリー表現理論、ソーゲル両側加群。

▶**ジョーディ・ウィリアムソン**［Geordie Williamson、1981〜、オーストラリア］
代数学、群表現理論。
2018年▶**アエロン・ネエイバー**［Aaron Naber、1982〜、アメリカ］
幾何学的方程式。
▶**マリーナ・ヴィアゾブスカ**［Maryna Viazovska、1984〜、ウクライナ］
幾何学。
▶**チウェイ・ヤン**［恽之玮、Zhiwei Yun、1982〜、中国］
数論、表現論、代数幾何。
▶**ウェイ・チャン**［张伟、Wei Zhang、1981〜、アメリカ］
数論、表現論、代数幾何。

●**ド・モルガン・メダル**（129ページ）
1884年▶アーサー・ケイリー［Arthur Cayley］
1887年▶ジェームス・ジョセフ・シルベスター［James Joseph Sylvester］
1890年▶ジョン・ウィリアム・ストラット［John William Strutt］
1893年▶フェリックス・クライン［Felix Klein］
1896年▶S. Roberts
1899年▶William Burnside
1902年▶A. G. Greenhill
1905年▶H. F. Baker
1908年▶J. W. L. Glaisher
1911年▶Horace Lamb
1914年▶ジョゼフ・ラーモア［Joseph Larmor］
1917年▶W. H. Young
1920年▶アーネスト・ウィリアム・ホブソン［Ernest William Hobson］
1923年▶P. A. MacMahon
1926年▶A. E. H. Love
1929年▶ゴッドフレイ・ハロルド・ハーディ［Godfrey Harold Hardy］
1932年▶バートランド・ラッセル［Bertrand Russell］
1935年▶エドマンド・テイラー・ホイッテーカー［Edmund Taylor Whittaker］
1938年▶ジョン・エデンサー・リトルウッド［John Edensor Littlewood］
1941年▶Louis Mordell
1944年▶シドニー・チャップマン［Sydney Chapman］
1947年▶George Neville Watson
1950年▶A. S. Besicovitch
1953年▶E. C. Titchmarsh
1956年▶サー・ジェフリー・イングラム・テイラー［Sir Geoffrey Ingram Taylor］
1959年▶W. V. D. Hodge

1962 年 ▶ マックス・ニューマン［Max Newman］
1965 年 ▶ Philip Hall
1968 年 ▶ Mary Cartwright
1971 年 ▶ Kurt Mahler
1974 年 ▶ Graham Higman
1977 年 ▶ C. Ambrose Rogers
1980 年 ▶ マイケル・アティヤ［Michael Atiyah］
1983 年 ▶ クラウス・フリードリッヒ・ロス［K. F. Roth］
1986 年 ▶ J. W. S. Cassels
1989 年 ▶ D. G. Kendall
1992 年 ▶ Albrecht Fröhlich
1995 年 ▶ W. K. Hayman
1998 年 ▶ R. A. Rankin
2001 年 ▶ J. A. Green
2004 年 ▶ ロジャー・ペンローズ［Roger Penrose］
2007 年 ▶ Bryan John Birch
2010 年 ▶ Keith William Morton
2013 年 ▶ ジョン・G. トンプソン［John Griggs Thompson］
2016 年 ▶ ウィリアム・ティモシー・ガワーズ［William Timothy Gowers］

●**ファルカーソン賞**（129 ページ）
1979 年 ▶ リチャード・カープ［Richard M. Karp］
▶ Kenneth Appel、ヴォルフガング・ハーケン［Wolfgang Haken］
▶ Paul Seymour
1982 年 ▶ D. B. Judin、Arkadi Nemirovski、Leonid Khachiyan、Martin Grötschel、ラースロー・ロヴァース［László Lovász］、Alexander Schrijver
▶ G. P. Egorychev、D. I. Falikman
1985 年 ▶ Jozsef Beck
▶ H. W. Lenstra, Jr.
▶ Eugene M. Luks
1988 年 ▶ Éva Tardos
▶ ナレンドラ・カーマーカー［Narendra Karmarkar］
1991 年 ▶ Martin E. Dyer、Alan M. Frieze、Ravindran Kannan
▶ Alfred Lehman
▶ Nikolai E. Mnev
1994 年 ▶ Louis Billera
▶ Gil Kalai
▶ Neil Robertson、Paul Seymour、Robin Thomas

1997 年 ▶ Jeong Han Kim［김정한］
2000 年 ▶ Michel X. Goemans、David P. Williamson
▶ Michele Conforti、Gérard Cornuéjols、M. R. Rao
2003 年 ▶ J. F. Geelen、A. M. H. Gerards、A. Kapoor
▶ Bertrand Guenin
▶ 岩田 覚［Satoru Iwata］、Lisa Fleischer、藤重 悟［Satoru Fujishige］、Alexander Schrijver
2006 年 ▶ マニンドラ・アグラワル［Manindra Agrawal］、ニラジュ・カヤル［Neeraj Kayal］、Nitin Saxena
▶ Mark Jerrum、Alistair Sinclair、Eric Vigoda
▶ Neil Robertson、Paul Seymour
2009 年 ▶ Maria Chudnovsky、Neil Robertson、Paul Seymour、Robin Thomas
▶ Daniel A. Spielman、Shang-Hua Teng
▶ Thomas C. Hales、Samuel P. Ferguson
2012 年 ▶ Sanjeev Arora、Satish Rao、Umesh Vazirani
▶ Anders Johansson、Jeff Kahn、Van H. Vu
▶ ラースロー・ロヴァース［László Lovász］、Balázs Szegedy
2015 年 ▶ Francisco Santos Leal

● ポアンカレ賞（129 ページ）
1997 年 ▶ Rudolf Haag、マキシム・コンツェビッチ［Maxim Kontsevich,］、Arthur Wightman
2000 年 ▶ Joel Lebowitz、Walter Thirring、Horng-Tzer Yau［姚鴻澤］
2003 年 ▶ 荒木不二洋［Huzihiro Araki］、Elliott H. Lieb、オデッド・シュラム［Oded Schramm］
2006 年 ▶ Ludwig D. Faddeev、ダヴィッド・ルエール［David Ruelle］、エドワード・ウィッテン［Edward Witten］
2009 年 ▶ Jürg Fröhlich、Robert Seiringer、ヤコフ・シナイ［Yakov G. Sinai］、セドリック・ヴィラニ［Cédric Villani］
2012 年 ▶ Nalini Anantharaman、フリーマン・ダイソン［Freeman Dyson］、Sylvia Serfaty、Barry Simon
2015 年 ▶ Alexei Borodin、Thomas Spencer、Herbert Spohn

● ボーヤイ賞（130 ページ）
第 1 回（1905 年）▶ アンリ・ポアンカレ［Henri Poincaré］
第 2 回（1910 年）▶ ダフィット・ヒルベルト［David Hilbert］
第 3 回（2000 年）▶ サハロン・シェラハ［Saharon Shelah］
　Cardinal Arithmetic, Oxford University Press, 1994 に対して。

第 4 回（2005 年）▶ミハイル・グロモフ［Mikhail Gromov］
　Metric Structures for Riemannian and Non-Riemannian Spaces, Birkhäuser, 1999 に対して。
第 5 回（2010 年）▶ユーリ・マニン［Yuri I. Manin］
　Frobenius Manifolds, Quantum Cohomology, and Moduli Spaces, American Mathematical Society, 1999 に対して。
第 6 回（2015 年）▶バリー・サイモン［Barry Simon］
　Orthogonal polynomials on the unit circle, American Mathematical Society, 2005 に対して。

●ポリヤ賞（130 ページ）
1971 年▶Ronald L. Graham、Klaus Leeb、B. L. Rothschild、A. W. Hales、R. I. Jewett
1975 年▶Richard P. Stanley、Endre Szemerédi、Richard M. Wilson
1979 年▶ラースロー・ロヴァース［László Lovász］
1983 年▶Anders Björner、Paul Seymour
1987 年▶アンドリュー・チーチー・ヤオ［Andrew Chi-Chih Yao］
1992 年▶Gil Kalai、サハロン・シェラハ［Saharon Shelah］
1994 年▶Gregory Chudnovsky、Harry Kesten
1996 年▶Jeff Kahn、David Reimer
1998 年▶Percy Deift、Xin Zhou、ピーター・サルナック［Peter Sarnak］
2000 年▶Noga Alon
2002 年▶Craig Tracy、Harold Widom
2004 年▶Neil Robertson、Paul Seymour
2006 年▶Gregory F. Lawler、オデッド・シュラム［Oded Schramm］、ウェンデリン・ウェルナー［Wendelin Werner］
2008 年▶Van H. Vu
2010 年▶Emmanuel Candès、テレンス・タオ［Terence Tao］
2012 年▶Vojtěch Rödl、Mathias Schacht
2014 年▶ Adam Marcus、Daniel Spielman、Nikhil Srivastava
2016 年▶Jozsef Balogh、Robert Morris、Wojciech Samotij、David Saxton、Andrew Thomason

●ヨーロッパ数学会賞（131 ページ）
1992 年▶リチャード・ボーチャーズ［Richard Borcherds、イギリス］、イェンス・フラン［Jens Franke、ドイツ］、アレクサンドル・ゴンチャロフ［Alexander Goncharov、ロシア］、マキシム・コンツェビッチ［Maxim Kontsevitch、ロシア］、フランソワ・ラブーリー［Francois Labourie、フランス］、トマシュ・ルクザック［トマシュ・ルチャク、Tomasz Luczak、ポーランド］、ステファン・ミューラー［シュテフ

ァン・ミュラー、Stefan Mueller、ドイツ]、**ウラジーミル・スビエラーク**[Vladimír Svěrák、チェコスロバキア]、**タルドシュ・ガーボル**[Tardos Gábor、ハンガリー]、**クレール・ヴォワザン**[Claire Voisin、フランス]

1996 年▶**アレキシス・ボネ**[Alexis Bonnet、フランス]、**ティモシー・ガワーズ**[William Timothy Gowers、イギリス]、**アンネッテ・フーバー**[Annette Huber、ドイツ]、**アイセ・ヨハン・デ・ヨング**[Aise Johan de Jong、ベルギー]、**ドミトリー・クラムコフ**[Dmitri Kramkov、ロシア]、**イジー・マトウシェク**[Jiri Matousek、チェコ]、**ロイク・マルセル**[Loic Merel、フランス]、**グリゴリー・ペレルマン**[Grigory Perelman、ロシア、但し本人は受賞を辞退]、**リカルド・ペレス・マルコ**[Ricardo Perez-Marco、スペイン]、**レオニード・ポロタロヴィッチ**[Leonid Polterovich、イスラエル]

2000 年▶**セミョーン・アレスケル**[Semyon Alesker、イスラエル]、**ラファエル・セーフ**[Raphael Cerf、フランス]、**デニス・ゲイツゴリ**[Dennis Gaitsgory、イスラエル]、**エマニュエル・グルニエ**[Emmanuel Grenier、フランス]、**ドミニク・ジョイス**[Dominic Joyce、イギリス]、**ヴァンサン・ラフォルグ**[Vincent Lafforgue、フランス]、**マイケル・マクイラン**[Michael McQuillan、イギリス]、**ステファン・ネミロフスキー**[Stefan Yu. Nemirovski、ロシア]、**ポール・サイデル**[Paul Seidel、フランス]、**ウェンデリン・ウエルナー**[Wendelin Werner、フランス]

2004 年▶**フランク・バルト**[Franck Barthe、フランス]、**ステファノ・ビアンキーニ**[Stefano Bianchini、イタリア]、**ポール・ビラン**[Paul Biran、イスラエル]、**エロン・リンデンシュトラウス**[Elon Lindenstrauss、イスラエル]、**アンドレイ・オクンコフ**[Andrei Okounkov、ロシア]、**シルビア・セルファティ**[Sylvia Serfaty、フランス]、**スタニスラフ・スミルノフ**[Stanislav Smirnov、ロシア]、**シャビエル・トルサ**[Xavier Tolsa、スペイン]、**ワーウィック・タッカー**[Warwick Tucker、スウェーデン]、**オトマール・ヴェンヤーコプ**[Otmar Venjakob、ドイツ]

2008 年▶**アルトゥル・アビラ**[Artur Ávila、ブラジル]、**アレクセイ・ボロディン**[Alexei Borodin、ロシア]、**ベン・グリーン**[Ben J. Green、イギリス]、**オルガ・ホルツ**[Olga Holtz、ロシア]、**ボアズ・クラータグ**[Bo'az Klartag、イスラエル]、**アレクサンダー・クツネツオフ**[Alexander Kuznetsov、ロシア]、**アサフ・ナオー**[Assaf Naor、イスラエル]、**ロール・ライモンド**[Laure Saint-Raymond、フランス]、**アガタ・スモクトゥノビッチ**[Agata Smoktunowicz、ポーランド]、**セドリック・ヴィラニ**[Cédric Villani、フランス]

2012 年▶**サイモン・ブレンデル**[Simon Brendle、ドイツ]、**エマニエル・ブリュラ**[Emmanuel Breuillard、フランス]、**アレシオ・フィガーリ**[Alessio Figalli、イタリア]、**アドリアン・ロアナ**[Adrian Ioana、ルーマニア]、**マシュー・レウィン**[Mathieu Lewin、フランス]、**シプリアン・マノレスク**[Ciprian Manolescu、ルーマニア]、**グレゴリー・ミアーモント**[Grégory Miermont、フランス]、**ソフィ・モレル**

[Sophie Morel、フランス]、**トム・サンダース**[Tom Sanders、イギリス]、**コリーナ・ウルシグライ**[Corinna Ulcigrai、イタリア]
2016 年▶**マーク・ブレイバーマン**[Mark Bravermann、アメリカ]、**ヴィンセント・カルベス**[Vincent Calvez、フランス]、**ヒューゴ・コパン**[Hugo Duminil-Copin、チェコ]、**ジェームス・メイナード**[James Maynard、イギリス]、**グイド・デ・フィリピス**[Guido De Philippis、イタリア]、**ピーター・ショルツ**[Peter Scholze、ドイツ]、**ピーター・ヴァルジュ**[Péter Varjú、イギリス]、**ジョルディ・ウィリアムソン**[Geordie Williamson、ドイツ]、**トーマス・ウィルウォッチャー**[Thomas Willwacher、チェコ]、**サラ・ザヘディ**[Sara Zahedi、スウェーデン]

●**日本数学会賞春季賞[旧彌永賞]**（132 ページ）
◉**彌永賞受賞者**
1973 年度▶伊原康隆：代数函数体の非アーベル類体論
1974 年度▶坂本礼子：双曲型方程式に対する混合問題の研究
1975 年度▶高橋元男：数学基礎論の研究、とくに GL_c の基本予想の解決
1976 年度▶加藤十吉：組合せ多様体の位相幾何学研究
1977 年度▶河合隆裕：超函数論並びに偏微分方程式論の研究
1978 年度▶新谷卓郎：表現論及びゼータ関数の研究
1979 年度▶西田吾郎：球面ホモトピー群の研究
1980 年度▶塩浜勝博：リーマン多様体の大域的研究
1981 年度▶柏原正樹：偏及び擬微分方程式系の代数的研究
1982 年度▶飯高 茂：代数多様体の研究
1983 年度▶森 重文：代数多様体の研究
1984 年度▶松本幸夫：余次元２の手術理論とその応用
1985 年度▶大島利雄：対称空間上の調和解析
1986 年度▶小谷眞一：ランダム・ポテンシャルをもつシュレディンガー作用素のスペクトル理論
1987 年度▶砂田利一：数論的方法によるリーマン多様体の研究
◉**春季賞受賞者**
1988 年度▶加藤和也：高次元類体論の研究
1989 年度▶宮岡洋一：チャーン数の間の関係式とその応用
1990 年度▶俣野 博：無限次元力学系の理論と非線形偏微分方程式
1991 年度▶斎藤盛彦：ホッジ加群の理論の創始と発展
1992 年度▶肥田晴三：p-進ヘッケ環、ガロア群の表現と保型形式の p-進 L-函数
1993 年度▶楠岡成雄：無限次元確率解析の展開
1994 年度▶深谷賢治：フレアホモロジー理論の研究
1995 年度▶宍倉光広：複素力学系の研究
1996 年度▶斎藤秀司：類体論の一般化および代数的サイクルの研究

1997年度 ▶ 新井仁之：複素解析と調和解析の研究
1998年度 ▶ 小澤 徹：非線形シュレディンガー方程式の研究
1999年度 ▶ 小林俊行：ユニタリ表現論における離散的分岐則の理論
2000年度 ▶ 中島 啓：モジュライ空間と表現論・数理物理学
2001年度 ▶ 斎藤 毅：数論幾何におけるガロワ表現の研究
2002年度 ▶ 河東泰之：作用素環の研究
2003年度 ▶ 大槻知忠：3次元多様体の量子不変量の研究
2004年度 ▶ 熊谷 隆：フラクタル上の解析学の展開
2005年度 ▶ 辻 雄：p進ホッジ理論の研究
2006年度 ▶ 望月拓郎：調和バンドルの漸近挙動
2007年度 ▶ 中西賢次：非線形分散型方程式の研究
2008年度 ▶ 高岡秀夫：非線形分散型方程式に対する大域解析理論
2009年度 ▶ 小沢登高：離散群と作用素環の研究
2010年度 ▶ 伊山 修：多元環およびコーエン-マコーレー加群の表現に関する研究
2011年度 ▶ 志甫 淳：数論幾何学におけるp進コホモロジーとp進基本群の研究
2012年度 ▶ 太田慎一：測度距離空間・フィンスラー多様体上の幾何解析
2013年度 ▶ 浅岡正幸：双曲力学系および関連する幾何学の研究
2014年度 ▶ 戸田幸伸：代数多様体の導来圏の研究
2015年度 ▶ 河原林健一：グラフマイナー理論とその計算量理論への応用に関する研究
2016年度 ▶ 入谷 寛：グロモフ-ウィッテン不変量とミラー対称性の研究
2017年度 ▶ 阿部知行：数論的D-加群の理論とラングランズ対応の研究
2018年度 ▶ 木田良才：離散群とエルゴード理論の研究

●**日本数学会賞秋季賞**（132ページ）
1987年 ▶ 三輪哲二・神保道夫：数理物理学に関する代数解析学的研究
1988年 ▶ 森 重文・川又雄二郎：代数多様体の極小モデル理論
1989年 ▶ 渡辺信三：確率解析とその応用
1990年 ▶ 塩田徹治：モーデル-ヴェイュ格子の研究
1991年 ▶ 土屋昭博：共形場理論の構成
1992年 ▶ 境 正一郎：作用素環における微分論とその応用
1993年 ▶ 村杉邦男：結び目理論の代数的研究
1994年 ▶ 石井仁司：非線形偏微分方程式の粘性解理論
1995年 ▶ 向井 茂：3次元ファノ多様体の射影代数幾何学的研究
1996年 ▶ 青本和彦：複素積分の研究
1997年 ▶ 中村博昭・玉川安騎男・望月新一：代数曲線の基本群に関するグロタンディック予想の解決
1998年 ▶ 古田幹雄：ゲージ理論の位相幾何学への応用
1999年 ▶ 儀我美一：曲面の方程式の研究

2000年▶中村 玄：弾性体の逆問題の研究
2001年▶森脇 淳：アラケロフ幾何の研究
2002年▶西浦廉政：反応拡散系のパターンダイナミクス
2003年▶有木 進：岩堀-ヘッケ代数のモジュラー表現と量子群
2004年▶新井敏康：ヒルベルトの第2問題に関する証明論の展開
2005年▶小野 薫：シンプレクティック幾何学の研究
2006年▶磯崎 洋：散乱理論と逆問題の研究
2007年▶舟木直久：大規模相互作用系の確率解析の展開
2008年▶小澤正直：量子情報の数学的基礎
2009年▶谷島賢二：波動作用素の有界性の研究
2010年▶泉 正己：作用素環と非可換解析
2011年▶二木昭人：二木不変量によるアインシュタイン計量の研究
2012年▶中尾充宏：精度保証付き数値計算の研究及びその偏微分方程式への応用
2013年▶辻井正人：微分可能力学系のエルゴード理論における関数解析的手法
2014年▶小薗英雄：非圧縮性ナヴィエ-ストークス方程式の定常・非定常流の調和解析的研究
2015年▶藤原耕二：擬ツリー上の群作用の構成
2016年▶森田茂之：写像類群と自由群の外部自己同型群のコホモロジー理論
2017年▶荒川知幸：W-代数の表現論

● 幾何学賞（132ページ）
1987年▶河内明夫：結び目理論及び低次元多様体論における研究業績
▶小林昭七：微分幾何学の広い分野にわたる数多くの重要な研究業績、及び幾多の著書により後進へのよき指針を与えたこと
1988年▶藤本坦孝：極小曲面のガウス写像の除外値に関する永年の予想の完全な解決
1989年▶深谷賢治：リーマン多様体の崩壊理論とその応用に関する業績
▶武藤義夫：半世紀を越える幾何学研究において先駆的な成果を数々挙げ現在もなお活発に研究を続けていること
1990年▶二木昭人：ケーラー-アインシュタイン計量の存在に関する二木不変量の発見
1991年▶竹内 勝：多年にわたる対称空間に関する一連の研究業績
▶坪井 俊：C^1級葉層構造に関する独創的な研究業績
1992年▶小磯憲史：アインシュタイン計量の変形理論に関する研究業績
▶藤木 明：ケーラー多様体のモジュライ空間に関する研究業績
1993年▶吉田朋好：低次元多様体と大域解析学に関する研究業績
1994年▶小林亮一：開代数多様体上のアインシュタイン-ケーラー計量に関する研究業績
▶長野 正：対称空間論の幾何学的構築をはじめとする微分幾何学の広い分野にわた

る多くの研究業績
1995年 ▶ 梅原雅顕・山田光太郎：3次元双曲型空間内の平均曲率1の曲面の幾何に関する一連の研究
1996年 ▶ 大森英樹：無限次元リー群論の構築に関わる一連の業績
1997年 ▶ 中島 啓：代数曲面のヒルベルトスキームによるハイゼンベルグ代数の表現の構成
▶ 板東重稔：解析的手法による複素微分幾何学における研究業績
1998年 ▶ 大槻知忠：3次元多様体の有限型不変量に関する研究業績
▶ 金井雅彦：離散群作用の剛性に関する研究業績
1999年 ▶ 小野 薫：シンプレクティック幾何学における一連の研究、特にアーノルド予想の解決
▶ 山口孝男：リーマン多様体の収束・崩壊現象に関する一連の研究
2000年 ▶ 大沢健夫：L^2評価とその幾何学への応用
▶ 小島定吉：3次元双曲幾何学に関する一連の研究業績
2001年 ▶ 宮岡礼子：デュパン超曲面および極小曲面に関する研究業績
2002年 ▶ 清原一吉：可積分測地流の大域的研究と C_l 計量の具体的構成
▶ 辻 元：複素代数幾何学における特異エルミート計量の構成と応用
2003年 ▶ 平地健吾：強擬凸領域のベルグマン核の不変式論に関する研究業績
▶ 松元重則：力学系理論と葉層構造論の接点における数々の研究業績
2004年 ▶ 鎌田聖一：2次元ブレイドおよび4次元結び目理論の基礎の構築
▶ 納谷 信：実および複素双曲空間の理想境界における不変計量の構成
2005年 ▶ 後藤竜司：特殊ホロノミーをもつ幾何に対する統一的理論の構成
▶ 藤原耕二：幾何学的群論に関する研究業績
2006年 ▶ 塩谷 隆：アレクサンドロフ空間に関する一連の研究業績
▶ 満渕俊樹：多様体モデュライに対する小林-ヒッチン対応の汎関数的手法による研究
2007年 ▶ 森田茂之：写像類群を巡る一連の位相幾何学的研究
▶ 吉川謙一：解析的トーションとモジュラス空間上の保型形式に関する研究
2008年 ▶ 葉廣和夫：クラスパーに沿った絡み目と3次元多様体の手術の研究
2009年 ▶ 木田良才：写像類群の測度同値剛性定理の証明
▶ 本田 公：接触トポロジーの研究
2010年 ▶ 芥川和雄：山辺不変量の研究
▶ 本多宣博：自己双対多様体のツイスター空間の研究
2011年 ▶ 太田慎一：フィンスラー多様体の幾何解析
▶ 齋藤恭司：周期積分の理論の現代化の実現
2012年 ▶ 大鹿健一：ベアス-サリヴァン-サーストンの稠密性予想の解決
▶ 戸田幸伸：導来圏の安定性条件とドナルドソン-トーマス不変量の研究
2013年 ▶ 河野俊丈：幾何学的量子表現に関する一連の研究

- ▶山ノ井克俊：ゴルドベルグ–ムエス予想の解決
- 2014年 ▶倉西正武：ルタン-倉西理論、CR幾何、倉西族等に代表される単なる幾何学の枠組みを超えた多年にわたる輝かしい研究業績
- 2015年 ▶入谷 寛：量子コホモロジーの研究
- ▶佐伯 修：安定写像と多様体のトポロジーの研究
- 2016年 ▶相馬輝彦：3次元多様体論に関する一連の研究業績
- ▶高山茂晴：一般型代数多様体の多重標準写像の双有理性に関する代数幾何的研究
- 2017年 ▶小林 治：微分幾何学における数々の先見性に富む業績
- ▶作間 誠：結び目理論と双曲幾何学に関する一連の研究

● 代数学賞（132ページ）
- 1998年度 ▶梅村 浩：パンルヴェ方程式と微分ガロワ理論の研究
- ▶斎藤 毅：数論幾何におけるガロワ表現の研究
- 1999年度 ▶藤原一宏：数論的幾何の研究
- ▶宮本雅彦：頂点作用素代数と有限単純群モンスターの研究
- 2000年度 ▶原田耕一郎：有限単純群の研究
- 2001年度 ▶池田 保：京大保型形式の研究
- ▶庄司俊明：有限シュヴァレイ群の表現論の研究
- 2002年度 ▶栗原将人：岩澤理論の研究
- 2003年度 ▶渡辺敬一：可換環論の研究とその特異点理論への応用
- 2004年度 ▶寺杣友秀：周期積分と多重ゼータ値の研究
- 2005年度 ▶松本耕二：ゼータ関数の解析的挙動の研究
- ▶中村 郁：アーベル多様体のモジュライ空間とヒルベルト概型の研究
- 2006年度 ▶花村昌樹：モチーフの研究
- ▶吉田敬之：保型形式と周期の研究
- 2007年度 ▶坂内英一：代数的組合せ論の研究
- ▶吉岡康太：ベクトル束のモジュライの研究
- 2008年度 ▶伊山 修：高次アウスランダー–ライテン理論の研究
- ▶谷崎俊之：リー代数と量子群の表現の研究
- ▶並河良典：3次元カラビ–ヤウ多様体と正則シンプレクティック幾何
- 2009年度 ▶小木曽啓示：一般化されたカラビ–ヤウ多様体の研究
- ▶雪江明彦：概均質ベクトル空間の数論的・幾何学的研究
- 2010年度 ▶都築暢夫：p 進コホモロジーと p 進微分方程式の研究
- ▶寺尾宏明：超平面配置の代数と幾何の研究
- 2011年度 ▶石井志保子：特異点とアーク空間の研究
- 2012年度 ▶伊吹山知義：ジーゲル保型形式とゼータ関数の研究
- ▶後藤四郎：局所環および次数付き環の研究
- ▶金銅誠之：$K3$ 曲面の幾何と保型形式

2013年度 ▶ 荒川知幸：無限次元リー代数およびW代数の表現論の研究
▶ 市野篤史：保型表現とその周期の研究
2014年度 ▶ 古庄英和：グロタンディーク-タイヒミュラー理論と多重ゼータ値に関する研究
▶ 吉野雄二：コーエン-マコーレー表現論の研究
2015年度 ▶ 加藤 周：量子群とヘッケ代数の幾何学的研究
2016年度 ▶ 桂田英典：多変数保型形式のL函数と周期の研究
▶ 蔵野和彦：局所環上の交点理論とコーエン-マコーレー加群論への応用
▶ 齋藤政彦：接続のモジュライ空間とパンルヴェ型微分方程式
2017年度 ▶ 桂 利行：正標数の代数幾何学
▶ 金子昌信：準保型形式と多重ゼータ値の研究
▶ 橋本光靖：不変式論およびその可換環論への応用

● 解析学賞（133ページ）
2002年度 ▶ 野口潤次郎：多変数値分布論と複素解析幾何学の研究
▶ 舟木直久：界面の統計力学と確率解析
▶ 柳田英二：非線形拡散方程式に関する研究
2003年度 ▶ 泉 正己：作用素環の部分環と群作用の研究
▶ 福島正俊：ディリクレ形式とマルコフ過程の研究
▶ 宮嶋公夫：強擬凸CR構造と孤立特異点の変形理論
2004年度 ▶ 赤平昌文：統計的推定の高次漸近理論
▶ 岩崎克則：多面体調和関数とパンルベ方程式の研究
▶ 西田孝明：非線形偏微分方程式の解の大域構造の解析的研究
2005年度 ▶ 中西賢次：エネルギー凝縮と非線形波動の漸近解析
▶ 藤原英徳：冪零および可解リー群のユニタリ表現と可換性予想の解決
▶ 吉田伸生：確率解析による統計物理学的モデルの研究
2006年度 ▶ 小沢登高：II$_1$型因子環の構造解析
▶ 木上 淳：フラクタル上の解析学の基礎付け
▶ 吉田朋広：確率過程に対する漸近展開理論、統計推測理論の研究とその応用
2007年度 ▶ 会田茂樹：無限次元空間上の確率解析
▶ 菱田俊明：ナヴィエ-ストークス方程式における藤田-加藤理論の新展開
▶ 平井 武：無限対称群およびその環積の既約表現ならびに指標の研究
2008年度 ▶ 佐藤健一：レヴィ過程と無限分解可能分布の研究
▶ 田村英男：量子力学におけるスペクトル解析
▶ 林 仲夫：非線形分散型方程式の漸近解析
2009年度 ▶ 西谷達雄：双曲型偏微分方程式の初期値問題に関する適切性の研究
▶ 相川弘明：複雑領域上のポテンシャル論の研究
▶ 小川卓克：実解析的手法による臨界型非線形偏微分方程式の研究

2010年度 ▶ 中村 周：シュレーディンガー方程式の超局所解析とスペクトルの研究
▶ 長井英生：長時間大偏差確率最小化に関するリスク鋭感的制御を通じた研究
▶ 永井敏隆：走化性モデルに対する解析学的研究
2011年度 ▶ 日野正訓：複雑な構造をもつ空間における確率解析
▶ 松井宏樹：力学系と C^*-環の研究
▶ 森本芳則：準楕円型作用素の解析と切断近似のないボルツマン方程式の数学的研究
2012年度 ▶ 隠居良行：圧縮性粘性流体の平行流の安定性解析
▶ 坂口 茂：拡散方程式の不変等温面と領域の幾何学
▶ 谷口正信：時系列解析における統計的漸近最適推測理論の研究
2013年度 ▶ 利根川吉廣：曲面の発展方程式の正則性理論の研究
▶ 綿谷安男：多角的な視点に基づく作用素環論の研究とその応用
▶ 渡部俊朗：レヴィ過程の分布の性質に関する深い研究
2014年度 ▶ 石毛和弘：線形および非線形熱方程式の解の定性的解析
▶ 長田博文：無限粒子系の確率力学と幾何
▶ 濱田英隆：多変数のレヴナー微分方程式と等質単位球上の正則写像の研究
2015年度 ▶ 杉本 充：モデュレーション空間および分散型偏微分方程式の平滑化評価の調和解析的研究
▶ 竹村彰通：ホロノミック勾配法に関する研究
▶ 田中和永：非線型楕円型偏微分方程式の特異摂動問題に対する多重クラスター解の変分法の研究
2016年度 ▶ 片山聡一郎：非線形双曲型偏微分方程式系における零構造の研究
▶ 小池茂昭：完全非線形楕円型・放物型偏微分方程式の L^p 粘性解理論
▶ 笹本智弘：非平衡確率力学系の厳密解による研究
2017年度 ▶ 柴田徹太郎：非線形楕円型方程式の固有値問題の漸近解析と逆分岐問題の解析
▶ 竹井義次：完全WKB解析による線型・非線型微分方程式の漸近解析
▶ 竹田雅好：対称マルコフ過程の確率解析とその応用

●日本応用数理学会の賞（133ページ）
第1回業績賞（2011年度）
分類A. 理論を重点とするもの
▶ 大石進一・荻田武史：実用的な精度保証付き数値計算法の確立
分類B. 応用を重点とするもの
▶ 青木尊之：数値流体力学におけるマルチモーメント法を用いた高精度計算手法の開発およびGPUのハイパフォーマンスコンピューティングへの応用
▶ 今村俊幸・山田 進・町田昌彦：超並列計算機利用技術の開発と量子固有値問題への応用

第 2 回業績賞（2012 年度）
分類 A. 理論を重点とするもの
▶菊地文雄：有限要素法の基礎理論と実用化の研究
▶薩摩順吉・高橋大輔・時弘哲治・松木平淳太：超離散化理論の構築とその展開
分類 B. 応用を重点とするもの：該当無し
第 3 回業績賞（2013 年度）
分類 A. 理論を重点とするもの
▶三村昌泰：現象数理学の方法論の確立と実践：諸科学との融合研究の促進
分類 B. 応用を重点とするもの：該当無し
第 4 回業績賞（2014 年度）
分類 A. 理論を重点とするもの
▶田端正久：流体の運動方程式に対する実用的な有限要素法の開発とその数学理論の確立
▶森正武・杉原正顯・大浦拓哉：二重指数関数型数値積分法の創始と実用化に至る発展の先導
分類 B. 応用を重点とするもの：該当無し
第 5 回業績賞（2015 年度）
業績賞受賞者：該当無し
第 6 回業績賞（2016 年度）
分類 A. 理論を重点とするもの
▶岡本龍明：公開鍵暗号の基礎理論と応用技術の研究
分類 B. 応用を重点とするもの
▶金山 寛：領域分割法に基づく磁場解析ソフトウェアの開発
▶合原一幸・平田祥人・田中剛平・鈴木大慈・森野佳生：領域分割法に基づく磁場解析ソフトウェアの開発

●京都賞［基礎科学部門・数理科学（純粋数学を含む）］（133 ページ）
第 1 回（1985 年）▶クロード・エルウッド・シャノン［Claude Elwood Shannon、1916〜2001、アメリカ］
　情報技術の数学的基礎となる情報理論の創成、情報理論の創始者。1940 年後半に、情報の量、信頼度、情報の交換や同値性などに関する諸問題を数学的に解析する理論を確立し、今日の通信技術の著しい発展の基礎を築いた。
第 5 回（1989 年）▶イズライル・モイセーヴィッチ・ゲルファント［Izrail Moiseevich Gelfand、1913〜2009、ソビエト］
　関数解析学における先駆的研究をはじめとする数理科学諸分野への多大な貢献。数理科学、とりわけ今世紀に飛躍的発展を遂げ、数学の様々な側面のみならず量子力学や素粒子論などの物理学に不可欠な数学的概念の供給源となった関数解析学の分野において、長期的展望に立つ先駆的研究を行い、創造性溢れる研究途上で多くの

俊秀を育成するなど、数理科学の発展に多大な貢献をした現代最高峰の数学者である。

第 10 回(1994 年)▶アンドレ・ヴェイユ[André Weil、1906〜1998、フランス]
代数幾何学及び数論における基礎研究を通じた現代数学への広汎な貢献。数論・代数幾何学を含む広範な領域での数々の先駆的研究によってきわめて顕著な研究成果をあげ、20 世紀における最大級の巨星として現代数理科学の飛躍的発展に大きく貢献した。

第 14 回(1998 年)▶伊藤 清[Kiyoshi Ito、1915〜2008、日本]
諸科学への広範な応用をもたらした確率微分方程式論の創始による確率解析学への多大な貢献。確率解析の研究、特に確率微分方程式論の創始により、自然や社会における偶然的要素を持つ運動や現象の研究に画期的な進展をもたらし、数理科学のみならず、物理学、工学、生物学、経済学の諸分野の発展にも大きな貢献をした。

第 18 回(2002 年)▶ミハイル・レオニドヴィッチ・グロモフ[Mikhael Leonidovich Gromov、1943〜、フランス]
幾何学的対象の族に距離構造を導入する新しい方法により数学の多分野においてその飛躍的発展に貢献。斬新なアイデアと伝統にとらわれない大胆な数学的手法によって、現代幾何学に新しい局面を切り拓き、多数の難問を解決すると同時に、幾何学、代数学、解析学などの多方面において、これらを統合する新しい視点を提出し、数理科学全般に多大な影響を与えた。

第 22 回(2006 年)▶赤池弘次[Hirotugu Akaike、1927〜2009、日本]
情報量規準 AIC の提唱による統計科学・モデリングへの多大な貢献。情報数理の基礎概念に基づく、実用性と汎用性の両方を兼ね備えた、統計モデル選択のための赤池情報量規準(Akaike Information Criterion：AIC)の提唱により、データの世界とモデルの世界を結びつける新しいパラダイムを打ち立て、情報・統計科学への多大な貢献をした。

第 26 回(2010 年)▶ラースロー・ロヴァース[László Lovász、1948〜、ハンガリー／アメリカ]
離散最適化アルゴリズムを軸とした数理科学への多大な貢献。離散構造に関する先端的な研究を行うことによって、アルゴリズムの観点からさまざまな数学分野を結びつけ、離散数学、組合せ最適化、理論計算機科学などを中心とする数理科学の広い範囲に影響を与え、学術的側面と技術的側面の両面において、数理科学の持つ可能性を拡大することに多大な貢献をした。

第 30 回(2014 年)▶エドワード・ウィッテン[Edward Witten、1951〜、アメリカ]
超弦理論の推進による数理科学の新しい発展への多大な貢献。今日まで 30 年以上に亘って超弦理論の飛躍的進化の過程において指導的役割を果たすことで理論物理に貢献しただけでなく、物理的直感と数学的技法を発揮して新しい数学を開発することによって多くの最先端の数学者の研究を触発した。その功績は他に類がなく傑出したものである。

第 34 回（2018 年）▶柏原正樹［Masaki Kashiwara、1947～、日本］

D 加群の理論の基礎からの展開による現代数学への貢献。D 加群は線形微分方程式を代数的視点で見たもので、代数解析学の中心的概念である。その中心的概念である D 加群の研究により、微分方程式"系"の一般的・組織的な研究が可能になり、その後の数学の発展に非常に大きい影響を与えた。特にリーマン-ヒルベルト対応を確立した業績は大きく、現代数学での強力な武器とも言える「偏屈層」を生み出した源の 1 つにもなっている。他にも、例えば表現論において、結晶基底理論と呼ばれる理論を構築し、組合せ論や可積分系とも結びつきを示すなど、多岐にわたる現代数学への貢献の大きさを知ることが出来る。

おわりに

　本書をほぼ書き上げた時、私は、アルバート・アインシュタインを中心とする創立者によって1912年に設立されたテクニオン（イスラエル国立工科大学）で、日本人で初めて名誉フェローの称号を頂くこととなった。同大学に「Hiroshi Fujiwara Cyber Security Research Center」を設立したことを記念してとのことである。私は、この称号の授与を、イスラエルを主体とするユダヤ社会と日本との交流のきっかけになればという想いで、1人ではなく、経済学者の竹中平蔵氏に名誉団長をお願いし、私自らが団長となり『スタートアップネーション・イスラエル調査団』を組成することとした。結果的には、3泊6日の強行軍にも関わらず、なんと34名の方々が参加することとなった。この好奇心旺盛な34名の方々の内訳は、日本経済新聞記者、一橋大学と早稲田大学ビジネススクールの先生方、半導体製造業、機器製造業、素材製造業、小売業、医師・医療機関経営、法律事務所、自治体、銀行、証券、損保、インターネットサービスなどに従事する方々と多岐にわたった。同調査団は最初にエルサレムに入り、ホロコースト博物館の視察、イスラエル・日本商工会議所との会合、ユダヤ教、キリスト教、イスラム教の聖地が同じ場所に集積する旧市街の視察後、駐パレスチナ自治区大使とJAICA事務所長との会合を行った。その後、テルアビブ郊外のヘルツェリアにある駐イスラエル日本大使公邸で、大使、公使はじめ駐イスラエルの日本企業事務所長などとの会合を行った。続いて、ハイファに移り、テクニ

オンでの私の名前のついたサイバーセキュリティ研究センターの除幕式、名誉フェロー授与式に参加した。また、テクニオンを中心として目覚ましい発展を遂げるハイファと大都市テルアビブに集積する最先端企業を視察した。医療機器、創薬、軍事関連、サイバーセキュリティ、AIなどのスタートアップ企業8社とイスラエルに拠点を構えるフィリップスとソニーといった大企業である。

この視察を終えて改めて思いを馳せたことは、イスラエルを始めとする中東地区には、ホモ・サピエンスとしての人類の起源があり、古代バビロニアを始めとする文明と数学の起源があるということである。最新の自然人類学の研究によれば、ハイファ近郊には、極めて近隣にホモ・サピエンスとネアンデルタール人が住んでいた洞窟があり、現人類の私たちホモ・サピエンスには、約2%のネアンデルタール人のDNAが含まれているとのことである。現人類は、約700万年前にアフリカに登場した祖先に起源を持ち、約20万年前にイスラエルを中心とする中東から世界へ旅立っていったようだ。現人類はその後、科学技術を習得したが、使い方を誤ったために戦争の世紀＝20世紀を経験した。特に、人類にとって最大の不幸をもたらした第二次世界大戦での記憶は、世界唯一の被爆国として、また、東京をはじめとする大空襲等で300万人といわれる多くの尊い命を失った日本人の今に生々しく残っている。一方、ホロコースト博物館での記録によれば、当時1100万人いたユダヤ人のうち600万人が、ナチスの迫害によって尊い命を失った。

ところで、この少数のユダヤ人は、極めて優秀な人々である。科学分野のノーベル賞受賞者、及び本書でも詳しく述べた数学の最高峰フィールズ賞受賞者の約30%がユダヤ人である。このユ

ダヤ人の優秀さは、どこから来るのか？　私は、これまで、イスラエルをはじめ欧米など世界中で活躍する多くのユダヤ人との交流の中で、私なりの理由を探ってみた。それは、遺伝子の問題ではなく、「数学力」にあるということである。英語のスラングで教育ママのことを "Jewish Mother" と呼ぶが、日本の教育ママとは少し意味が違う。日本の多くの母親は、子供に試験での良い点数と、良い学校へ入学させることに注力する。このため、子供たちは与えられた過去問の解答法をマスターしようとする。学校教育も同じである。一方、ユダヤ人の母親は、「なぜ？」を子供に考えさせる。母親だけではなく、学校でもそうである。私がテクニオン等イスラエルの大学で講義をすると、講義を遮って質問が飛んで来る。「なぜ？」が解明されないまま、暗記することに価値を見出さない人々なのである。私が慶應義塾大学と東京大学など日本で講義をすると、質問がほとんど出ないがしっかりと聴いているらしく、講義内容に関する問題を出すと実に良い点数を取るのである。

　日本の教育が生んだ人材の特技は、Why よりも How への解答力のようだ。一方、ユダヤ人の教育の本質は、How よりも Why の問題創造力にあるようだ。さて、「数学力」の話に戻すと、「数学力」とは与えられて答えが分かっている過去問を解く力（How への解答力）のことではない。本書の第 1 章で触れたヒルベルトの 23 の問題に代表されるように、答えの分かっていない問題を自分で設定することにその本質がある。自分の頭で常に Why？ と問いかけてみることと同等である。「数学力」の本質は、正にそこにある。日本においては、特に「問題は、与えられるものではなく、問題は、作る（設定する）ものである」という発想に転換すべきではないだろうか？

最後に、本書の執筆が日本人の「数学力」向上による「国力」の向上のきっかけになればと強く思う次第である。「数学力で国力が決まる！」　そして「数学は役に立つ、しかもお金がかからない！」ということを改めて強調したいと思う。

藤原 洋
ふじわら・ひろし

1954年福岡県生まれ。1977年京都大学理学部卒業。東京大学工学博士(電子情報工学)。日本アイ・ビー・エム、日立エンジニアリング、アスキーを経て、1996年12月インターネット技術に関する研究開発企業である(株)インターネット総合研究所を設立、代表取締役(現任)。2012年4月(株)ブロードバンドタワー代表取締役会長兼社長に就任(現任)。

公職活動として、一般財団法人インターネット協会理事長、慶應義塾大学環境情報学部特別招聘教授、SBI大学院大学副学長を兼務。2010年4月大学共同利用法人自然科学研究機構経営協議会委員、2011年4月独立行政法人宇宙航空研究開発機構(JAXA)宇宙科学評議会評議員、2013年12月総務省ICT新事業創出推進会議構成員、2014年1月電波政策ビジョン懇談会構成員等を歴任。

著書に『ネットワークの覇者』(日刊工業新聞社)、『科学技術と企業家の精神』(岩波書店)、『第4の産業革命』(朝日新聞出版)、『なぜ日本は負けるのか』(インプレスR&D)ほか多数。

数学力で国力が決まる
すうがくりょく こくりょく き

2018年9月25日 第1版第1刷発行

著者 ── 藤原 洋

発行者 ── 串崎 浩

発行所 ── 株式会社 日本評論社
〒170-8474 東京都豊島区南大塚3-12-4
電話 03-3987-8621 [販売]
　　 03-3987-8599 [編集]

印刷所 ── 株式会社 精興社

製本所 ── 株式会社 難波製本

装丁 ── 山田信也(STUDIO POT)

Copyright © 2018 Hiroshi Fujiwara.
Printed in Japan
ISBN 978-4-535-78830-5

JCOPY 〈(社)出版者著作権管理機構 委託出版物〉

本書の無断複写は著作権法上での例外を除き禁じられています。複写される場合は、そのつど事前に、(社)出版者著作権管理機構(電話:03-3513-6969, FAX:03-3513-6979, e-mail:info@jcopy.or.jp)の許諾を得てください。
また、本書を代行業者等の第三者に依頼してスキャニング等の行為によりデジタル化することは、個人の家庭内の利用であっても、一切認められておりません。